Hmad Jihed

Implémentation d'une loi de commande non entière sur Automate

Rhili Sabri
Hmad Jihed

Implémentation d'une loi de commande non entière sur Automate

Application et Supervision

Éditions universitaires européennes

Publisher:
Éditions universitaires européennes
is a trademark of
Dodo Books Indian Ocean Ltd., member of the OmniScriptum S.R.L Publishing group
str. A.Russo 15, of. 61, Chisinau-2068, Republic of Moldova Europe
Printed at: see last page
ISBN: 978-3-8417-4644-3

Remerciements

Nous tenons à remercier avant tout l'ensemble des personnes qui ont participé au bon déroulement de notre Projet de Fin d'Etudes.

Aussi, nous exprimons toute notre gratitude envers Monsieur **AMAIRI Messaoud** Maitre Assistant à l'ENIG de nous avoir fait l'honneur d'être notre encadreur dans ce travail. Nous éprouvons un profond respect pour son travail et son parcours, ainsi que pour sa qualité humaine.

Nos remerciements sincères et spéciaux s'adressent à nos chers professeurs Monsieur **AOUN Mohamed** Maitre des Conférences à l'ENIG et président du jury et Monsieur **BOUSSAID Boumedyen** Maitre Assistant à l'ENIG, examinateur, pour l'honneur qu'ils nous ont accordé en acceptant de juger notre travail modeste.

Nous tenons aussi à remercier les enseignants qui durant ces années nous ont permis de devenir ingénieurs, quel que soit l'issu de cette soutenance, nous leurs donnons une reconnaissance éternelle. Nous tenons également à exprimer nos gratitudes à nos familles, nos amis, à tous personnes qui nous aident mêmes par un mot oral.

Finalement, nous tenons à remercier toutes personnes ayant contribué de près ou de loin pour la réalisation de ce projet.

Sabri et **Jihed**

merci

Table des matières

Chapitre 2
Implémentation d'une loi de commande Robuste sur un Automate Programmable
Industriel (API)

Chapitre 3
Supervision du système hydraulique

Liste des figures

Liste des tableaux

Introduction générale

L'Automatique est une branche interdisciplinaire de l'ingénierie et des mathématiques qui s'intéresse au comportement des systèmes dynamiques. L'un des principaux but de l'automaticien est de concevoir un correcteur capable de commander un système physique donné. L'intérêt est d'obtenir des processus autorégulés requérant un minimum d'intervention humaine pour fonctionner. En pratique, l'automaticien est confronte a deux problèmes :

- Evaluer si un correcteur assure au système le comportement désiré : c'est le problème d'analyse
- Concevoir un correcteur assurant au système le comportement désiré : c'est le problème de synthèse

Une méthode générale permettant de résoudre un problème d'analyse ou de synthèse est toujours définie dans un contexte particulier qui est caractérisé d'une part par la nature du comportement souhaité, ce qui est défini dans le cahier des charges, et d'autre part, par la nature du modèle mathématique choisi pour représenter le système réel. Ce dernier diffère du système réel c'est pour ça que le régulateur n'est pas toujours capable de commander qu'un modèle. S'il existe un régulateur qui permet de dépasser ce problème d'incertitude, alors il est dit robuste aux incertitudes.

Dans ce contexte, ce travail consiste à faire une implémentation d'une loi de commande robuste sur un automate programmable et faire une supervision sur un système réel. Pour la bonne présentation de ce travail, nous avons abordé la démarche suivante :

Dans le premier chapitre nous avons présenté un aperçu sur la commande robuste en concentrant l'étude sur la Commande Robuste d'Ordre Non Entiér (CRONE). Dans une deuxième phase nous avons illustré par des simulations qui explique les avantages de la commande CRONE à gabarit vertical.

Dans le deuxième chapitre nous avons fait une implémentation des deux lois de commande robuste IMC et CRONE sur un système hydraulique dans l'objectif de faire une régulation de niveau. En fin nous avons implémentés sur un automate programmable industriel de type S7-200.

Le troisième chapitre nous avons développés des interfaces homme machine (HMI) pour faciliter la commande par API, et de suivre l'évolution des mesures et de la commande. Deux logiciels ont été aussi utilisé : Wincc flexible, Labview.

Chapitre 1

Etude de la commande CRONE

1.1 Introduction

Le régulateur a pour rôle d'assurer des performances désirées au procédé. La synthèse de ce correcteur est effectuée à partir d'un état paramétrique du procédé. Devant la présence des modèles quipeuvent être incertains, il est important de synthétiser un correcteur capable d'assurer un bon comportement au système réel ; dans ce cas on dit que le correcteur est robuste au incertitude. Une des commande robuste est connue par le nom "Commande Robuste d'Ordre Non Entier" (CRONE) .

Dans ce contexte, ce chapitre met en oeuvre les causes d'incertitude et met l'accent sur la commande CRONE par ces différentes générations.

1.2 Cause d'incertitude des systèmes industriels [4]

Les modèles mathématiques utilisés pour manipuler des procédés industriels sont dans les pluparts des cas entachés d'incertitudes qui contournent les difficultés de modélisation et de commande. Ces incertitudes sont dues à plusieurs causes : complexité de modèle, linéarisations, fluctuation des paramètres, erreurs de mesure.

1.2.1 Complexité de modèle

Devant la grande évolution au niveau des moyens et outils de calcul, l'automaticien est de plus en plus amené à traiter des modèles qui sont complexes et/ou de grandes dimensions. Ces derniers sont difficiles à manipuler et posent de nombreux problèmes (numérique, technologique,...). C'est pourquoi la simplification des systèmes physiques (simplification de la structure, la diminution de l'ordre du système et la décomposition du système en sous-systèmes) présente un intérêt majeur pour la génération des lois de commande.

1.2.2 Linéarisation autour d'un point de fonctionnement

Un procédé industriel est souvent non linéaire, en pratique les systèmes non linéaires sont trop complexes à traiter, afin de dépasser cette lacune et pour faciliter son analyse et sa commande nous commencons toujours par rechercher s'il est possible de l'assimiler à un système linéaire. Parmi les techniques fréquemment utilisés, nous pouveut citer la linéarisation autour d'un point de fonctionnement.

L'assimilation d'un système non linéaire à un système linéaire comporte toujours une approximation ce qu'en résulte des incertitudes. D'autres parts, la prise en compte de divers modèles linéaires d'un procédé non linéaire linéarisé autour d'un point de fonctionnement est l'une de cause d'incertitudes.

1.2.3 Fluctuations des paramètres

L'incertitude dans le cas d'un modèle linéaire peut provenir d'une variation lente ou rapide portant sur les paramètres du modèle de structure donnée ou d'une connaissance approximative de ces paramètres. Cette variation paramétrique du système correspond à des paramètres pouvant être connus, mais qui peuvent être sujet d'évolution très rapides et de grandes amplitudes . Il s'agit essentiellement des variations liées au changement des conditions de fonctionnement tel que :

- Jeux : On parle de l'effet qui modifie les lois de mouvement et de rendre les liaisons imprécises.
- L'écart de fabrication : Il s'agit de l'écart qui existe entre les dimensions théoriques et les dimensions réelles.
- Dilatation thermique : C'est la variation de la température (ambiante, échauffement par frottement) qui modifie les propriétés cinématiques des pièces.

1.2.4 Erreurs de mesure

La mesure d'une grandeur quelconque est suivit d'une erreur c'est pourquoi nous ne pouvons jamais obtenir des valeurs exactes. Mais comme nous ignorons la valeur exacte nous ne pouvons pas connaitre l'erreur produite ce qui exprime que le résultat reste toujours incertain est ça ce qu'est appelé «erreur de mesure».

Par conséquent, aucun appareil (capteur ou instrument) de mesure ne produit pas d'erreur, mais il est nécessaire de connaitre la marge d'incertitude des appareils pour connaitre la précision adéquate pour atteindre une mesure.

Il est intéressant de connaitre que les causes d'erreurs ne se limite pas à la précision de l'instrument de mesure mais elles sont due aussi aux défauts de la méthode de mesure et les limite de l'homme lors de la lecture.

1.3 Modèle incertain et commande robuste

L'objectif est de concevoir un système de commande qui prend en compte les incertitudes. Ceci mène à considérer un nouveau modèle dit incertain et à définir la notion de robustesse.

1.3.1 Modèle incertain[4]

Un modèle est dit incertain si ces paramètres ne sont pas exacts. Les formes d'incertitude peuvent se présenter soit sur l'une des matrices A et/ou B et/ou C pour une présentation du modèle sous sa forme d'état, soit sur les pôles et/ou les zéros dans le cas ou le procédé est modélisé par une fonction de transfert.

1.3.2 Commande robuste[7]

1.3.2.1 Notion de robustesse

Le fait que le modèle diffère du procédé réel pose problème. Pour un problème de synthèse le correcteur ne peut être mis au point que sur un modèle alors qu'il doit en réalité assurer un bon comportement au système réel. Il est donc important en pratique de pouvoir déterminer à priori si c'est le cas, on dit que le correcteur est robuste aux erreurs de modèle, ou aux incertitudes.

1.3.2.2 Commande robuste

La commande robuste est un type de commande qui vise à garantir les performances et la stabilité d'un système face à des perturbations du milieu et les incertitudes du modèle : La figure (1.1) donne le principe de commande robuste.

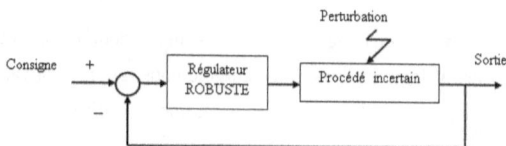

Figure 1.1 – Schéma de principe de la commande robuste

Il existe plusieurs approches pour la synthèse d'une commande robuste tel que :

- Approche loop shaping : c'est une approche de commande robuste dont l'objectif est d'obtenir à la fois la robustesse en stabilité et en performance. L'objectif est alors le maintien de la stabilité[3] [4]. La commande prédictive : c'est une commande basée sur l'utilisation d'un modèle dynamique du système pour anticiper son comportement futur.
- Commande IMC (Internal Model Control) : c'est une commande qu'est développée dans le but de faciliter la synthèse de régulateur, tenir en compte de la robustesse et traiter les systèmes qui comporte un retard.
- Commande CRONE (Commande Robuste d'Ordre Non Entier) : Cette approche se base sur l'utilisation des dérivées non entières. Son objectif est de maintenir un degré de stabilité bien déterminer[3].

Dans ce travail nous nous s'intéressons plus particulièrement à la commande CRONE.

1.4 La commande CRONE

1.4.1 Présentation

L'étude des procédés incertains par les méthodes fréquentielles ont déjà prouvé leurs efficacité plus particulièrement dans la synthèse de la commande robuste, c'est le cas de la commande CRONE.

La commande CRONE est présentée par trois générations qui ont été développés pour différents champs d'applications : les deux premières générations sont fondées sur l'intégration non entière d'ordre réel et la troisième est fondé sur l'intégration d'ordre complexe.

1.4.2 Définitions et termes spécifiques

Dans la suite, on introduit quelques définitions et termes spécifiques à la commande CRONE.

1.4.2.1 Convention

Soit la boucle de régulation ci-dessous

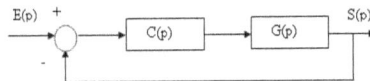

Figure 1.2 – Schéma de boucle d'asservissement

avec : $C(p)$: la fonction de transfert du régulateur CRONE d'ordre m', $G(p)$: la fonction de transfert du procédé.

Moyennant la convention $\beta(p) = C(p).G(p)$, la figure 1.2 peut être sous la forme presentée sur la figure 1.3.

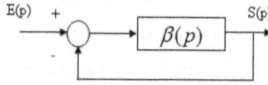

Figure 1.3 – Schéma équivalent de la boucle d'asservissement

1.4.2.2 Le Gabarit[3]

- Le Gabarit vertical : un gabarit est dit vertical (figure 1.4) autour de la fréquence ω_u s'il est défini par une transmittance d'un intégrateur réel non entier dont l'ordre réel détermine son placement en phase à ($-m'\frac{\pi}{2}$) et dont la robustesse s'illustre alors par le glissement vertical du gabarit sur lui-même lors d'une reparamétrisation du procédé (variation du gain autour de ω_u). Cette reparamétrisation se traduit par une invariance de marge de phase et du facteur de résonance.

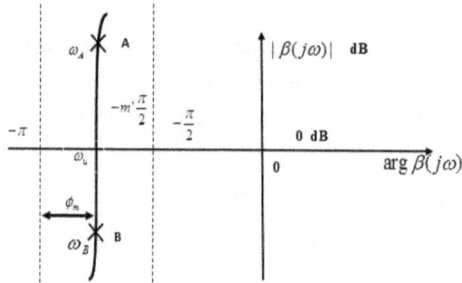

Figure 1.4 – Le gabarit définit par un segment de droite vertical dans le plan de Black

- Le Gabarit généralisé

Pour des cas plus généraux, il y a non seulement des variations sur le gain de gain mais également des variations de phase, le gabarit vertical ne peut pas donc assurer la meilleur robustesse du système de commande. Il est plus commode de considérer un gabarit qui est encore définit comme un segment de droite (autour de la fréquence), pour l'état paramétrique nominal du procédé mais pour n'importe quelle direction, appelé gabarit généralisé.

Ce gabarit est fondé sur la dérivation non entière complexe dont l'ordre réel détermine son emplacement en phase et l'ordre imaginaire détermine ensuite son inclinaison par rapport à la verticale comme le montre la figure (1.5).

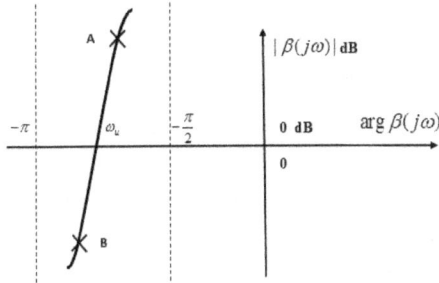

Figure 1.5 – Illustration de la notion du gabarit généralisé dans le plan de Black

La notion du gabarit vertical est appliquée pour la première et la deuxième génération par contre le gabarit généralisé est utilisé pour la troisième génération.

1.4.2.3 Comportement du procédé autour de ω_u [6]

D'une façon générale un procédé peut avoir trois types de comportements autour de la fréquence du gain unitaire ω_u : comportement asymptotique, comportement quasi-asymptotique et comportement quelconque.

1.4.2.4 Comportement asymptotique

Un procédé ayant un comportement asymptotique autour de ω_u s'il présente un blocage de phase indépendamment des variations des fréquences. Un comportement asymptotique est dit d'ordre n correspond à un blocage de phase à ($-n\frac{\pi}{2}$).

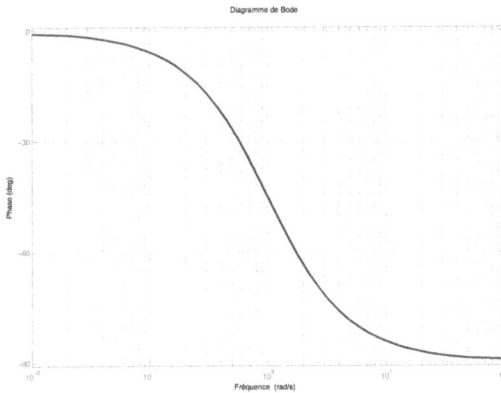

Figure 1.6 – Comportement asymptotique d'ordre 1 ($n = 1$)

Notons qu'un procédé peut avoir un ou plusieurs comportements asymptotiques d'ordres différents.

1.4.2.5 Comportement quasi-asymptotique

Un procédé ayant un comportement quasi- asymptotique autour de ω_u présente une variation de phase très lente (pseudo-blocage de phase), qui défini ainsi une phase indépendante de la fréquence. Ceci nous permet de l'assimiler à un comportement asymptotique dont l'ordre correspond à un blocage de phase à ($-n\frac{\pi}{2}$).

1.4.2.6 Comportement quelconque

Un procédé ayant un comportement quelconque autour de ω_u s'il est caractérisé par une phase que varie rapidement avec la fréquence.

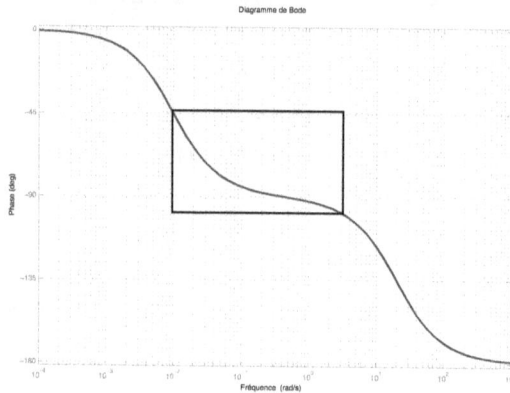

Figure 1.7 – Comportement quelconque

1.4.3 Synthèse du régulateur CRONE à gabarit vertical [3] [9] [6]

La détermination de différents paramètres du régulateur se fait en respectant le cahier de charge désiré. Ce cahier de charge doit comporter :
- Données relatives au système :
  * ω_c : pulsation de coupure.
  * K : gain.
  * N : ordre de système
- Spécification :
  * Fréquentielle : marge de phase ($\Delta\varphi$), pulsation au gain unité (ω_u), facteur de résonance (Q).

* Temporelle : premier dépassement (D_1), temps de réponse (t_r).
* N : ordre de système
- contrainte :
  * Largeur du gabarit : $[\omega_A, \omega_B]$.
  * Nombre de pôle et de zéros.

1.4.3.1 Synthèse du régulateur CRONE à phase constante

Dans le cas où la fréquence ω_u appartient à un comportement asymptotique ou quasi-asymptotique d'ordre n, le régulateur CRONE doit présenter une phase constante sur l'étendue du domaine fréquentielle qu'occupe le gabarit vertical, soit $[\omega_A, \omega_B]$, de façon que l'ordre désiré soit éteint.

Un régulateur CRONE de première génération peut être synthétisée selon deux versions : une version idéale et une autre réelle.

Forme idéale du régulateur CRONE première génération

La forme idéale du régulateur CRONE de la première génération est la suivante :

$$C(j\omega) = C_0 . \left(\frac{1 + j\frac{\omega}{\omega_b}}{1 + j\frac{\omega}{\omega_h}} \right)^{m'} \tag{1.1}$$

avec : m' non entier (réel).

C_0 : désigne le gain statique du régulateur.

ω_b et ω_h : sont deux fréquences transitionnelles basse et haute fréquence.

Synthèse du régulateur

La synthèse du régulateur consiste à déterminer les paramètres inconnus dans la fonction de transfert (1.1) à fin donner la version finale à implanter.

Détermination de l'ordre n'

o A partir de marge de phase $\Delta\varphi$

$$\Delta\varphi = \pi - n'\frac{\pi}{2} \Rightarrow n' = \frac{2}{\pi}\left(\pi - \Delta\varphi\right) \tag{1.2}$$

o A partir du facteur de résonance Q :

$$Q = \frac{1}{\sin n'\frac{\pi}{2}} \Rightarrow n' = \frac{2}{\pi}\arcsin\frac{1}{Q} \tag{1.3}$$

○ A partir du facteur d'amortissement :

$$\zeta = -\cos\frac{\pi}{n'} \Rightarrow n' = \frac{\pi}{\arccos\left(-\zeta\right)} \tag{1.4}$$

○ A partir du premier dépassement (D_1) :

$$n' = -b + \sqrt{b^2 - 4a\left(c - D_1\right)} \text{ avec } \begin{cases} a = 79,195 \\ b = 138,507 \\ c = 59,528 \end{cases} \tag{1.5}$$

Détermination de l'ordre m'

La détermination de l'ordre du régulateur $C(p)$ se fait après la détermination de l'ordre n'. L'argument du régulateur CRONE peut être déduit comme suit :

$$\arg\beta(j\omega) = \arg C(j\omega) + \arg G(j\omega) \tag{1.6}$$

d'où

$$\Leftrightarrow \arg C(j\omega) = \arg\beta(j\omega) - \arg G(j\omega) = -\frac{n'\pi}{2} + \frac{n\pi}{2} \tag{1.7}$$

avec n l'ordre du système.

Ce qui donne :

$$\arg C(j\omega) = (n - n')\frac{\pi}{2} = m'\frac{\pi}{2} \text{ ,}\forall\omega \in [\omega_A, \omega_B] \tag{1.8}$$

d'où

$$m' = n - n' \tag{1.9}$$

Détermination des pulsations haute et basse

Dans cette partie on s'est intéressé à la détermination des pulsations haute et basse ω_b et ω_h.

On a alors

$$\begin{cases} \omega_u = \sqrt{\omega_A\omega_B} \\ \frac{\omega_B}{\omega_A} = 10 \end{cases} \tag{1.10}$$

d'où

$$\begin{cases} \omega_A = \frac{\omega_u}{\sqrt{10}} \\ \omega_B = 10.\omega_A \end{cases} \tag{1.11}$$

Concernant les pulsations ω_a et ω_b il faut respecter la condition suivante : ω_b doit être suffisamment faible devant ω_A par contre ω_h doit être suffisamment élevée devant ω_B afin que le diagramme de phase de $C(j\omega)$ soit assimilable au diagramme asymptotique pour $\omega \in [\omega_A\omega_B]$:

$$\begin{cases} \omega_b \ll \omega_A \\ \omega_h \gg \omega_B \end{cases} \tag{1.12}$$

est utilisée

Dans la pratique la règle de 10 pour fixer les valeurs de ω_b et ω_h soit :

$$\begin{cases} \omega_b = \frac{\omega_A}{10} \\ \omega_h = \omega_B.10 \end{cases} \tag{1.13}$$

Détermination de C_0

C_0 désigne le gain statique du régulateur CRONE, et se calcule comme suit :

$$|\beta(j\omega_u)| = 1 \Rightarrow |G(j\omega_u)C(j\omega_u)| = 1 \tag{1.14}$$

d'où

$$C_0 = \frac{1}{|G(j\omega_u)| \left| \left(\frac{1+j\frac{\omega_u}{\omega_b}}{1+j\frac{\omega_u}{\omega_h}} \right) \right|^{m'}} \tag{1.15}$$

ou encore

$$C_0 = \frac{1}{|G(j\omega_u)|} \left| \left(\frac{1 + j\left(\frac{\omega_u}{\omega_h}\right)^2}{1 + j\left(\frac{\omega_u}{\omega_b}\right)^2} \right) \right|^{\frac{m'}{2}} \tag{1.16}$$

Forme réelle du régulateur CRONE premier génération

Le problème qui se pose dans la version idéale c'est qu'elle n'est pas implantable à cause de son ordre non entier. C'est pourquoi nous faisons recours à la version réelle qui est basée sur une approximation des pôles et des zéros récursifs.

Synthèse du régulateur CRONE réel

La synthèse du régulateur CRONE réel est basée sur une suite des pôles et des zéros récursifs.

Soit $m' = m'_e + m'_n$ avec
$$\begin{cases} m'_e = E(m') \text{ partie entière de } m', \text{ si } m' \succ 1 \\ m'_n = m' - E(m') \text{ partie non entière de } m' \text{ comprise entre 0 et 1} \end{cases}$$

Ceci permet d'écrire l'equation (**??**) sous la forme suivant :

$$C(j\omega) = C_0 . \left(\frac{1 + j\frac{\omega}{\omega_b}}{1 + j\frac{\omega}{\omega_h}} \right)^{m'_e} . \left(\frac{1 + j\frac{\omega}{\omega_b}}{1 + j\frac{\omega}{\omega_h}} \right)^{m'_n} \tag{1.17}$$

La partie entière ne pose aucun problème par contre la deuxième doit être synthétisée comme étant une suite des pôles et des zéros récursifs, d'où la forme :

$$\left(\frac{1 + j\frac{\omega}{\omega_b}}{1 + j\frac{\omega}{\omega_h}} \right)^{m'_n} \simeq \prod_{i=1}^{N} \left(\frac{1 + j\frac{\omega}{\omega'_i}}{1 + j\frac{\omega}{\omega_i}} \right)^{m'_n} \tag{1.18}$$

avec ω_i' et ω_i présente les zéros et les pôles récursifs et on note par α et η les facteurs de récursivités.

La détermination de $\alpha\eta$ se fait selon les étapes suivantes :

. Choix arbitraire d'un facteur initial $\alpha\eta_{initial}$ entre 5 et 10 .

. Déduire le nombre de pôles et de zéros qu'il faut considérer, en utiliser la relation :

$$N = Arrondi \left[\left(\frac{\log \frac{\omega_h}{\omega_b}}{\log \alpha\eta_{initiale}} \right) + 0.5 \right] \tag{1.19}$$

. Calcul du produit $\alpha\eta_{final}$ qui permet de faire une répartition de pôles et de zéros le long de l'intervalle $[\omega_A, \omega_B]$ en utilisant la relation suivante :

$$\alpha\eta_{final} = \sqrt[N]{\frac{\omega_h}{\omega_b}} \tag{1.20}$$

Déduire les valeurs de η et α par les relations :

$$\alpha = \alpha\eta_{final}^{m_n'} \text{ et } \frac{\omega_{i+1}'}{\omega_i'} = \frac{\omega_{i+1}}{\omega_i} = \alpha\eta \tag{1.21}$$

Ces résultats permettent de calculer les valeurs des pôles et des zéros en utilisant les expressions suivantes :

$$\frac{\omega_i}{\omega_i'} = \alpha, \frac{\omega_{i+1}'}{\omega_i} = \eta, \frac{\omega_{i+1}'}{\omega_i'} = \frac{\omega_{i+1}}{\omega_i} = \alpha\eta \tag{1.22}$$

Sachant que le premier zéro et le dernier pôle sont calculés selon :

$$\omega_i' = \sqrt{\eta}, \omega_N = \frac{\omega_h}{\sqrt{\eta}} \tag{1.23}$$

1.4.3.2   Synthèse du régulateur CRONE à phase variable

Dans le cas où la fréquence ω_u appartient à un comportement quelconque du procédé ou à différence de phase entre le gabarit vertical et le procédé varie avec la fréquence. Le régulateur doit présenter une phase variable (complémentaire) sur l'étendue du gabarit.

La structure du régulateur à synthétiser est de la forme :

$$C(j\omega) = C_0 \frac{\prod\limits_{i=1}^{m} \left(1 + \frac{j\omega}{\omega_i'}\right)}{\prod\limits_{i=1}^{n} \left(1 + \frac{j\omega}{\omega_i}\right)} \tag{1.24}$$

dans laquelle les zéros et les pôles doivent êtres stables. Cette structure est équivalente de point de vue phase à :

$$C(j\omega) = C_0 \frac{1}{\prod\limits_{i=1}^{N} (1 + \frac{j\omega}{\omega_i})} \qquad (1.25)$$

Avec $N = n + m$ représente les nombre des pôles ω_i qui peuvent êtres stables ou instables.

Algorithme de synthèse

La synthèse d'un régulateur CRONE à phase variable peut être faite avec trois approches (méthode graphique approché, méthode algébrique approché ou méthode algébrique exacte). Les étapes de synthése sont :

1) Fixer une distribution récursive des zéros ω_i' telle façon à garder le produit de récursivité constant, c'est-à-dire :

$$\frac{\omega_{i+1}'}{\omega_i'} = \alpha_i \eta_i = cts, \forall i, \frac{\omega_i}{\omega_i'} = \alpha_i \text{ et } \frac{\omega_{i+1}'}{\omega_i} = \eta_i \qquad (1.26)$$

2) Déterminer la phase du procédé pour chaque valeur de ω_i', autrement dit :

$$\varphi' = \arg G(j\omega_i') \qquad (1.27)$$

3) Déterminer la phase du régulateur pour chaque valeur de ω_i qui est donner par :

$$\varphi_i = \arg C(j\omega_i') = \varphi_d - \varphi_i' = -n\frac{\pi}{2} - \arg G(j\omega_i') \qquad (1.28)$$

où φ_d est la phase désirée.

4) Déterminer la distribution des pôles ω_i ,soit celle des facteurs récurrents α_i sachant que :

$$\alpha_i = \frac{\omega_i}{\omega_i'} \qquad (1.29)$$

Cet algorithme est respecté par les deux premières méthodes (la méthode graphique approché et la méthode algébrique approché), par contre dans la troisième méthode (méthode exacte) cet algorithme subit quelques modifications au niveau de la manière de synthèse du régulateur mais il garde la même idée et le même principe.

Dans ce travail on s'intéresse à la synthèse du régulateur CRONE à phase variable en utilisant la méthode algébrique exacte puisque c'est la méthode la plus utilisé car les deux autres méthodes sont basées sur l'interprétation graphique (méthode graphique approché) et sur l'approximation (méthode algébrique approché) ce qui augmente l'imprécision des résultats et provoque des difficultés lors de l'implantation pratique.

Méthode algébrique exactes [10]

D'après la structure du régulateur décrit par l'equation (1.25), l'argument du régulateur est donné par :

$$\arg C\left(j\omega\right) = -\sum_{i=1}^{N} arctg\frac{\omega}{\omega_i} \qquad (1.30)$$

Dans cette méthode, on considère un ensemble des N fréquences de mesure long de la plage fréquentielle, à savoir $[\omega_A, \omega_B]$, qu'occupe le gabarit. La distribution n'obéit à aucune loi particulière mais de préférence qu'on les reparties uniformément sur l'intervalle $[\omega_A, \omega_B]$, soit $\{\omega_{m1}, \omega_{m2}, ..., \omega_{mi}, ..., \omega_{mN}\}$.Pour chaque valeur de ω_{mK}, la phase du régulateur est de la forme :

$$\arg C\left(j\omega_{mk}\right) = -n\frac{\pi}{2} - \arg G\left(j\omega_{mk}\right) = -\sum_{i=1}^{N} arctg\frac{\omega_{mk}}{\omega_i} \qquad (1.31)$$

Posons :

$$\arg C\left(j\omega\right) = -\sum_{i=1}^{N} arctg\frac{\omega_{mk}}{\omega_i} \qquad (1.32)$$

Alors on aura :

$$A\left(\omega_{mk}\right) = -\arg C\left(j\omega_{mk}\right) = n\frac{\pi}{2} + \arg G\left(j\omega_{mk}\right) \qquad (1.33)$$

Pour l'ensemble des fréquences de mesure on obtient un système de N équations :

$$\begin{cases} arctg\dfrac{\omega_{m1}}{\omega_1} + arctg\dfrac{\omega_{m1}}{\omega_2} + ...arctg\dfrac{\omega_{m1}}{\omega_N} = A\left(\omega_{m1}\right) \\ arctg\dfrac{\omega_{m2}}{\omega_1} + arctg\dfrac{\omega_{m2}}{\omega_2} + ...arctg\dfrac{\omega_{m2}}{\omega_N} = A\left(\omega_{m2}\right) \\ ....= ... \\ arctg\dfrac{\omega_{mN}}{\omega_1} + arctg\dfrac{\omega_{mN}}{\omega_2} + ...arctg\dfrac{\omega_{mN}}{\omega_N} = A\left(\omega_{mN}\right) \end{cases} \qquad (1.34)$$

Posons :

$$C_k = \frac{\omega_{mk}}{\omega_{m1}} \text{ et } X_i = \frac{\omega_{m1}}{\omega_i} \qquad (1.35)$$

Le système précédent peut être transformé sous la forme :

$$\begin{cases} arctgC_1X_1 + arctgC_1X_2 + ...arctgC_1X_N = A\left(\omega_{m1}\right) \\ arctgC_2X_1 + arctgC_2X_2 + ...arctgC_2X_N = A\left(\omega_{m2}\right) \\ ....= ... \\ arctgC_NX_1 + arctgC_NX_2 + ...arctgC_NX_N = A\left(\omega_{mN}\right) \end{cases} \qquad (1.36)$$

Par la suite on applique à chaque membre la tangente, il devient :

$$
\begin{cases}
tg\left(arctgC_1X_1 + arctgC_1X_2 + ...arctgC_1X_N\right) = tg\left(A\left(\omega_{m1}\right)\right) = A_1 \\
tg\left(arctgC_2X_1 + arctgC_2X_2 + ...arctgC_2X_N\right) = tg\left(A\left(\omega_{m2}\right)\right) = A_2 \\
.... = ... \\
tg\left(arctgC_NX_1 + arctgC_NX_2 + ...arctgC_NX_N\right) = tg\left(A\left(\omega_{mN}\right)\right) = A_N
\end{cases}
\tag{1.37}
$$

Il est remarquable qu'il s'agit d'un système non linéaire, pour dépasser et résoudre cette lacune (non linéarité), on fait recours aux fonctions symétrique des racines de Viète qui sont données pour chaque équation k, par la forme :

$$
A_k = \frac{\displaystyle\sum_{p=0}^{pn}(-1)^p S_{2p+1}^{(k)}}{\displaystyle\sum_{q=0}^{qn}(-1)^q S_{2q}^{(k)}}
\tag{1.38}
$$

avec

$$
p_n = E[\frac{N-1}{2}], q_n = E[\frac{N}{2}]
\tag{1.39}
$$

et $S_r^{(k)}$ la somme d'ordre i de $C_k x_i$.

Une relation de récurrence entre les sommes des ordres $2p+1$ et $2q$, et la somme d'ordre donnée par :

$$
S_{2q}^{(k)} = (\frac{C_k}{C_1})^{2q} S_{2q}^{(1)}
\tag{1.40}
$$

$$
S_{2p+1}^{(k)} = (\frac{C_k}{C_1})^{2p+1} S_{2p+1}^{(1)}
\tag{1.41}
$$

L'équation (1.38) devient :

$$
A_k = \frac{\displaystyle\sum_{p=0}^{pn}(-1)^p (C_k)^{2p+1} S_{2p+1}^{(k)}}{1 + \displaystyle\sum_{q=1}^{qn}(-1)^{2q} S_{2q}^{(1)}}
\tag{1.42}
$$

sachant que C_1

Le système linéarisé devient pour chaque équation k :

$$
A_k = \sum_{p=0}^{pn}(-1)^p (C_k)^{2p+1} S_{2p+1}^{(k)} + A_k \sum_{q=1}^{qn}(-1)^{2q} S_{2q}^{(1)}
\tag{1.43}
$$

La résolution de ce système permet de déterminer les valeurs de $s_N^{(1)}, s_N^{(1)}, ..., s_N^{(1)}$, de là se déduise les valeurs déduise des x_i par la résolution de l'équation :

$$
\sum_{q=1}^{qn}(-1)^i x^{N-i} S_1^{(1)} = 0
\tag{1.44}
$$

Les valeurs des pôles et des zéros ω_1 s'en déduisent à partir de la relation :

$$\omega_i = \frac{\omega_{mi}}{x_i} \tag{1.45}$$

Les pôles instables sont ramenés au numérateur pour devenir zéros stables tout en respectant la causalité.

1.4.3.3 Synthèse d'un régulateur CRONE à gabarit généralisé

Dans cette paragraphe on va essaie de donner une bref présentation sur la troisième génération du commande CRONE :

La troisième génération fondée sur la dérivation d'ordre non entier complexe. Elle est basée sur la notion du gabarit généralisé dont la quelle l'ordre réel détermine sont placement en phase et l'ordre imaginaire détermine sont placement son inclinaison par rapport à la verticale.

A partir d'une infinité de gabarits généralisés, il ya un seule, non plus, de gabarit optimal qui assure au mieux la robustesse de la commande. Ce gabarit est obtenu en minimisant un critère quadratique basé sur les variations du facteur de résonance ou sur les variations du premier dépassement en asservissement ou en régulation. Cette approche minimise donc les variations du degré de stabilité choisi.

1.4.3.4 Exemple d'application

A ce stade on est appelé à faire une simulation d'un exemple à fin d'illustrer l'étude de la commande CRONE.

Soit l'exemple suivant :

$$H(p) = \frac{1}{p^2 + p + 1} \tag{1.46}$$

Pour vérifier si l'exemple (1.46) a un comportement constante ou quelconque on trace le diagramme de phase présenté sur la figure (1.8) :

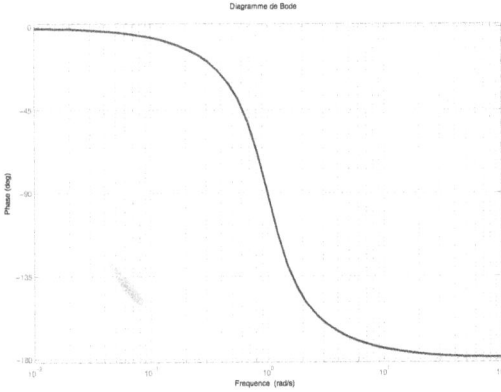

Figure 1.8 – Diagramme de phase de $H(p)$

L'exemple présente deux comportements : l'un asymptotique et l'autre quelconque.

CRONE : Première génération

On peut appliquer la commande CRONE première génération pour $\omega \in [0.01, 0.1]$ ou $\omega \in [10, 100] rad.s^{-1}$.

Soit $\omega_u = 50$ et $\Delta\varphi = 70$. Pour vérifier si la commande CRONE de premier génération donne les performances désirée, nous traçons le diagramme de phase du ($\beta(j\omega)$) comme le montre la figure (1.9). La réponse indicielle de la boucle fermé et l'évolution de la commande sont présentés sur les figures (1.10) et (1.11) :

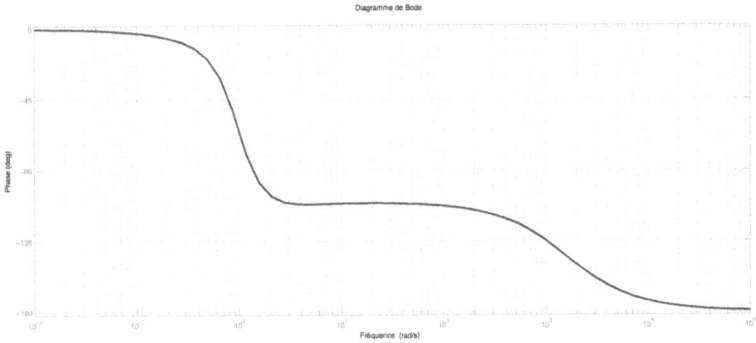

Figure 1.9 – Diagramme de phase de la boucle ouverte ($\beta(j\omega)$)

Nous constatons que la performance désirée $\Delta\varphi = 70$ est atteinte.

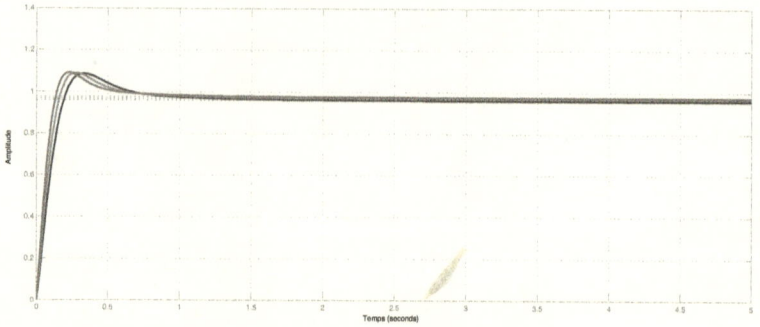

Figure 1.10 – Réponses indicielle de la boucle fermée

La sortie de la boucle fermée est robuste.

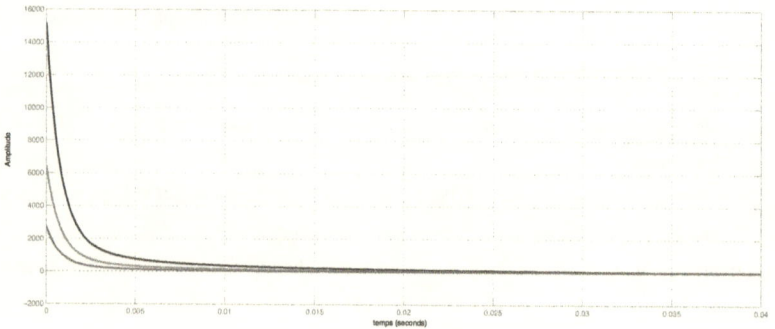

Figure 1.11 – Evolution de la commande

La commande représente un grand pic, de plus elle est non significatif.

CRONE : deuxième génération

Devant les résultats obtenus lors de l'application de la première génération on a pensé à appliquer la commande CRONE à phase variable si $\omega \in [0.1, 10]$.Soit $\omega = 1$ et $\Delta\varphi = 55$:

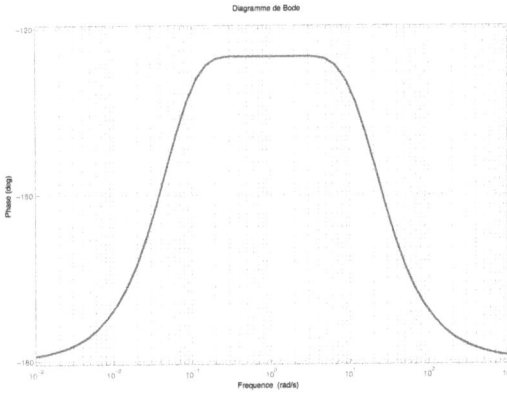

Figure 1.12 – Diagramme de phase de la boucle ouverte avec une commande CRONE 2éme génération ($\beta(j\omega)$)

on remarque que la performance désirée obtenu : la commande bloque la phase tout le long du gabarit $[0.1, 10]$.

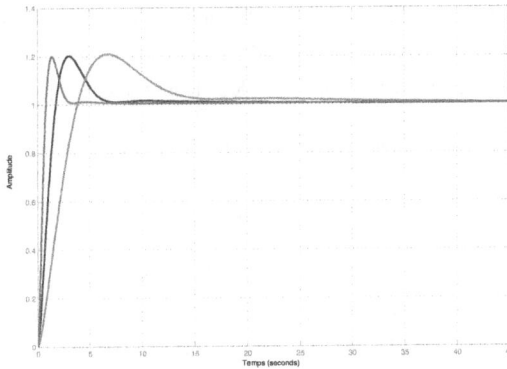

Figure 1.13 – Evolution de la commande

La commande CRONE de la deuxième génération, dans cet exemple, réponde aux performances demandées de plus elle est robuste.

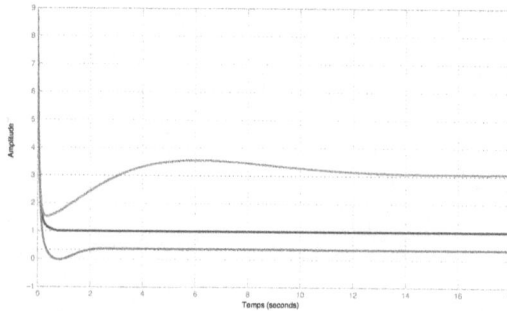

Figure 1.14 – Réponses indicielles de la boucle fermée

Au contraire de ce qu'est obtenue dans la première génération, la commande ne produit pas des grands pics : elle est tolérable.

1.4.4 Implantation des lois de commande

1.4.4.1 Système de commande [8]

La motivation de base d'un système automatique est de concevoir un système de commande qui permet de maintenir la sortie d'un procédé au voisinage d'une valeur désiré indépendamment des perturbations qui affectent le fonctionnement du procédé.

Un système de commande admet deux modes de fonctionnement poursuite et régulation :

⊛ La poursuite consiste à obliger la sortie du procédé à suivre la consigne en supposant que la perturbation est nulle et la consigne varie en fonction de temps.

⊛ La régulation consiste à annuler l'effet des perturbations en supposant que les perturbations varient en fonction de temps et la consigne constante.

Dans le but d'assurer la régulation, assurer la poursuite, le régulateur (correcteur) est appelé à produire une commande bien déterminée. Selon la nature de sortie du correcteur on distingue trois types de commande : la commande analogique, la commande numérique, et la commande analogique /numérique. Dans ce chapitre on s'est intéressé à la présentation de ce dernier type.

1.4.4.2 Implantation analogique/numérique à travers un ordinateur

Cette technique consiste à développer un code de calcul puis faire une intervention moyennant une carte d'acquisition qui permet d'assurer le dialogue entre PC (autre calculateur) et le procédé. Elle assure aussi la conversion numérique analogique (à travers un DAC) et analogique/numérique (à travers un ADC).

Cette technique se caractérise, suivant la carte d'acquisition utilisée, par la simplicité de la mise en oeuvre, sa vitesse d'acquisition rapide, des mesures rapides, précise, et faible niveau de bruit. La figure (1.15) onne le schéma synoptique de la commande analogique/numérique moyennant une carte d'acquisition de type Profi CASSY.

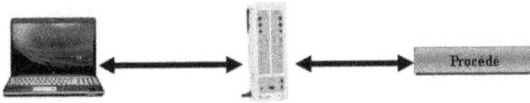

Figure 1.15 – Interfaçage PC/Procédé moyennant la carte Profi-CASSY

1.4.4.3 Implantation analogique/numérique à travers un micro contrôleur

L'implantation d'une loi de commande en utilisant un micro contrôleur consiste a réaliser une carte électronique qui loge un ensemble de composant électronique avec un micro contrôleur dont le quel on stocke un programme qui développe la loi de commande.

Pour réaliser une carte électronique de commande il s'agit de faire :

✓ Le bon choix du micro contrôleur est ça se fait suivant les besoins demandé tel que le type de communication, nombre de jeux d'instruction, type de quart empoilé...

✓ La détermination des differents composant électroniques dans la carte à réaliser, diode, résistance, capacité, afficheur...

✓ La simulation sur un logiciel de simulation électronique.

✓ Faire le routage, puis passer a la réaliser cette carte.

La figure (1.16) donne le schéma synoptique de la commande analogique-numérique moyennant un micro contrôleur :

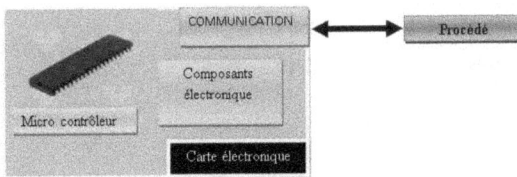

Figure 1.16 – Principe de l'implantation analogique/numérique via un micro contrôleur

1.4.4.4 Implantation analogique/numérique à travers un automate programmable Industriel

L'automate programmable industriel présente l'outil d'automatisation le plus dominant à l'échelle industrielle. Pour implanter une loi de commande moyennant un automate, il suffit de développer un programme et de l'implanter de dans afin d'assurer ce qu'est demandé. L'intégration d'une loi de commande sur un automate nécessite la présence d' :

- Un automate programmable dont le quelle on stocke les données (programme).

- Un unité de contrôle ou de supervision (console, PC).

La figure (1.17) illustre le schéma synoptique de l'implantation d'une loi de commande sur automate :

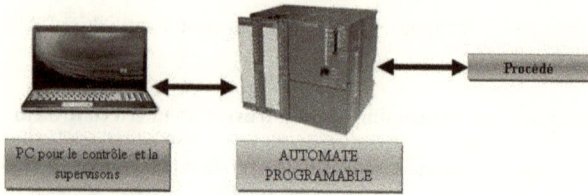

Figure 1.17 – Principe de l'implantation analogique/numérique à travers un automate programmable industriel

1.4.5   Cahier des charges

1.4.5.1   Objectif

Le but de ce projet de fin d'etude est de faire implémenter une loi de commande CRONE sur un automate programmable et une supervision.

1.4.5.2   Problématique

- Commander un système vis-à-vis aux perturbations et aux incertitudes.
- L'implémentation anologique-numérique des lois de commandes.
- Le contrôle à travers une interface graphique.

1.4.5.3   Solution

Pour remédier aux problèmes cités ci-dessus, nous somme appelés à implanter une loi de commande CRONE sur un automate programmable.

1.4.5.4   Démarche à suivre

Pour aborder ce travail nous avons passés par les étapes suivantes :
- Faire une étude sur la commande CRONE.

- Faire une simulation sur des exemples numériques à fin de dégager l'intérêt de la commande CRONE.
- Implémenter une loi de commande robuste sur un automate.
- Réaliser une interface de supervision pour l'application sur un système temps réel.

1.5 Conclusion

Dans ce chapitre nous avons présentés la notion de la commande robuste en particulier la commande CRONE (Commande Robuste Non Entier). Le deuxième chapitre est reservé à l'implémentation d'une loi de commande robuste pour commander un système hydraulique.

Chapitre 2

Implémentation d'une loi de commande Robuste sur un Automate Programmable Industriel (API)

2.1 Introduction

Les automates programmables industriels dominent à l'automatisation des procédés et des chaînes de production, dans ce contexte nous sommes appelés, comme nous avons l'indiqué dans le cahier de charge au premier chapitre, à faire une implémentation d'une commande robuste sur un automate programmable.

Ce chapitre est consacré à l'implémentation d'une commande IMC et CRONE sur un système hydraulique via l'utilisation d'un automate programmable industriel Siemens S7-200. Pour cela nous avons divisé le plan du travail en trois phases ; une phase dont la quelle nous avons réalisé une simulation numérique du modèle moyennant le logiciel " Matlab ", une deuxième dont la quelle nous faisons une implémentation moyennant la carte d'acquisition Profi-CASSY puis nous avons développé un programme Ladder destiné à l'implémentation sur l'automate S7-200.

2.2 Présentation et modélisation du système [1]

2.2.1 Description matérielle

Comme le montre la figure (2.1), le procédé hydraulique comporte :

✓ Un réservoir d'alimentation (Ra) et quatre réservoirs de même taille (R1, R2, R3 et R4).
✓ Un capteur ultrasonique.

✓ Deux sondes de niveau.

✓ Une motopompe triphasée M1 pour les deux premiers réservoirs. Elle est commandée par un variateur de vitesse. Une motopompe monophasée M2 pour les deux autres réservoirs.

✓ Un débitmètre.

✓ Des vannes manuelles.

✓ Une armoire de commande qui comporte l'automate, deux variateurs de vitesse, des disjoncteurs aussi que l'organe de commande (dans notre cas c'est l'API).

✓ Des électrovannes (EV1, EV2, EV3 et EV4).

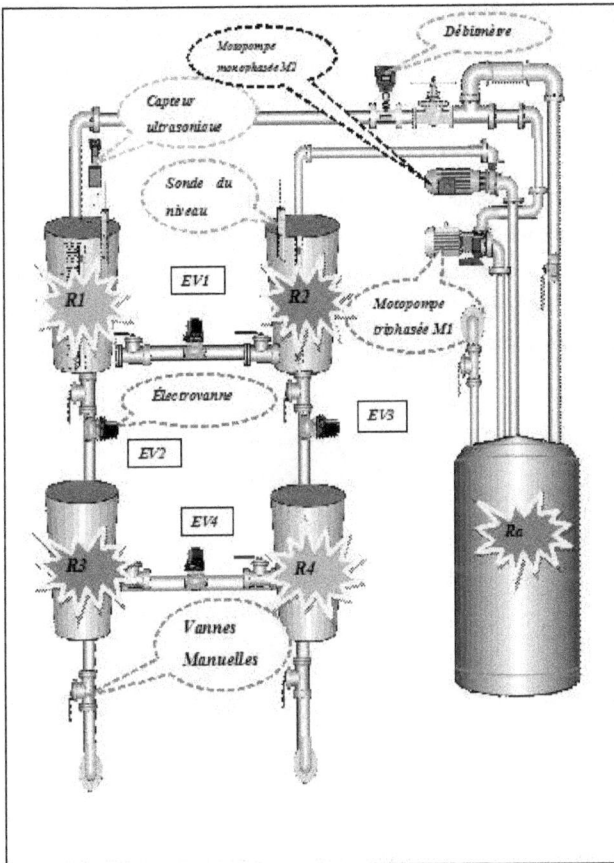

Figure 2.1 – Système hydraulique

2.2.1.1 Les réservoirs

Le réservoir d'alimentation ayant une forme cylindrique de hauteur de 1m et de diamètre 57cm, c'est la source d'eau pour les quatre réservoirs " R1 ", " R2 ", " R3 " et " R4 " que sont en plastique de hauteurs et de dimensions identiques respectivement égales à 51cm, 24x31 (cm). Chaque réservoir possède une entrée de remplissage et une sortie d'évacuation.

2.2.1.2 Les variateurs de vitesse

Les deux pompes ne permettent pas de donner un débit variable au cours du temps. C'est pour cette raison qu'un variateur de vitesse est utilisé pour pouvoir ajuster le débit de sortie de l'une des deux pompes à la valeur souhaitée en fonction de la tension d'alimentation. En effet, en variant la fréquence du variateur, la vitesse de la pompe est variée et par conséquent le débit[2].

Dans ce système un variateur de vitesse LS Industriel System SV-iC5 est utilisé. Il est alimenté en monophasé à travers les bornes L1 et L2 (input 200-230V) avec une fréquence d'entrée 50Hz et sa tension de sortie triphasé est varié en V/f=constante, avec une plage de fréquence de 0Hz et 400Hz. Ce variateur sera commandé par une organe de commande (ici l'automate). La motopompe triphasée est branchée avec le variateur à travers les bornes (U, V, W).

Figure 2.2 – Variateur de vitesse triphasé LS Industriel System SV-iC5

2.2.1.3 Les motopompes

Les deux motopompes utilisées dans le système sont l'une monophasée et l'autre triphasée. Dans notre application nous nous intéressons à la motopompe triphasée (M1) de type " PEDROLLO-CP158", qui permet de remplir le réservoir (R1). Elle se caractérise par une tension 220V/230V, un couplage étoile de puissance 0.5kW et de vitesse 2900 tr/mn. Elle consomme en fonctionnement nominal un courant de 2.2 A.

Figure 2.3 – Motopompe triphasée PEDROLLO-CP158

2.2.1.4 Les capteurs

Le capteur de niveau ultrasonique

Pour mesurer le niveau d'eau dans le réservoir " R1 ", on utilise un capteur de niveau ultrasonique " LUC4T-G5S-IU-V15 ". Ce dernier émit une onde ultrasonore sur la surface d'eau, ensuite la réception sera calculé par l'organe de commande qui délivre une tension analogique variant de 0 à 10V (ou un courant de sortie analogique variant entre 4 et 20 mA). La plage de mesure est comprise entre 30cm et 400cm. Il est alimenté par une tension continue entre 10 et 30V.

Figure 2.4 – Capteur de niveau ultrasonique " LUC4T-G5S-IU-V15 "

La sonde coaxiale LA9 RM201

Pour éviter le problème de débordement, une sonde coaxiale LA9 RM201 qui détecte le niveau haut ou bas dans le réservoir " R1 " et envoi l'information vers l'organe de commande est utilisée. Dans le système étudie seulement le niveau haut est considéré car le vidange à fond des réservoirs ne pose pas de problème.

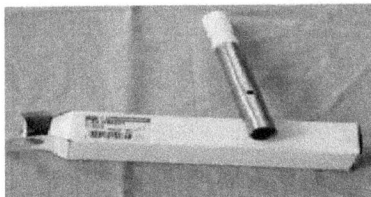

Figure 2.5 – Sonde coaxiale LA9 RM201

Débitmètre

L'écoulement du fluide entraîne la rotation d'une turbine (rotor à plusieurs ailettes, reposant sur des paliers) placée dans la chambre de mesure, la vitesse de rotation du rotor est proportionnelle à celle du fluide, donc au débit volumique total.

La vitesse de rotation est mesurée en comptant la fréquence de passage des ailettes détectée à l'aide d'un bobinage (un aimant permanent est parfois solidaire de l'hélice). Chaque impulsion représente un volume de liquide distinct.

Figure 2.6 – Débitmètre

2.3 Modélisation et identification du procédé

La modélisation est une étape nécessaire pour commander un système afin de garantir les performances désiré. Elle consiste à déterminer un modèle mathématique qui représente le comportement dynamique du procédé.

Dans cette étape seulement la modélisation remplissage avec vidange du premier procédé qui est constitué d'un réservoir d'alimentation Ra, d'une motopompe triphasé et du réservoir R1 est considérée comme le montre la figure (2.7).

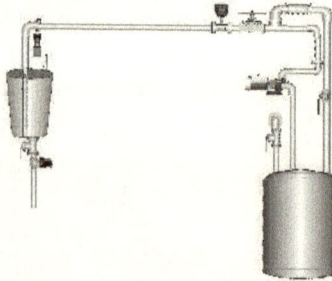

Figure 2.7 – Procédé étudié

2.3.1 Comportement du système en remplissage avec vidange [5] [11]

La figure (2.8) présente les différents paramètres du procédé décrit ci-dessus :

Pa et Pb : Les pressions en a et b. H (H_a) : Niveau de l'eau dans le bac exprimé en cm.

H_b : Longueur du prolongement de la vidange en dessous du bac.

Va : Vitesse de liquide dans le bac.

Vb : Vitesse de liquide dans le prolongement.

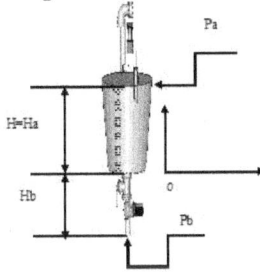

Figure 2.8 – différents paramètres du procédé

Le système est alimenté par un débit entrant qe et soumis à un débit sortant qs, pour modéliser la dynamique du procédé, l'équation de Bernoulli qui met en évidence le principe de conservation d'énergie adapté au fluide en mouvement est utilisé.

$$Sommes\,d'energies\,au\,point\,A + sommes\,d'energies\,aux\,point\,B = perte\,charge \quad (2.1)$$

$$H_a + \frac{V_A^2}{2g} - H_b - \frac{V_B^2}{2g} = \Delta H_f \quad (2.2)$$

avec $\begin{cases} P_a = P_b = P_{atm} \\ \Delta H_f : Perte\,de\,charge\,dans\,le\,prolongement. \end{cases}$

d'où

$$\frac{V_A^2}{2g} - \frac{V_B^2}{2g} + (H_a - H_b) = \Delta H_f \quad (2.3)$$

L'équation de conservation de masse impose que :

$$S\frac{dH}{dt} = \sum Q_{entrant} - \sum Q_{sortant} \quad (2.4)$$

$$SV_A = \frac{dH}{dt} = qe - sV_B \quad (2.5)$$

Avec S et s désignent respectivement la section du bac et la section du prolongement.

D'où une nouvelle relation de conservation :

$$V_A = \frac{qe - sV_B}{S} = \frac{qe}{S} - (\frac{s}{S})V_B \qquad (2.6)$$

Remplaçant maintenant V_A par sa valeur dans l'équation de Bernoulli :

$$\frac{1}{2g}(\frac{qe}{S} - 2(\frac{s}{S})V_B)^2 - \frac{V_B^2}{2g} + (H_A - z_B) = (k_1 + k_2 + k_3)\frac{V_B^2}{2g} \qquad (2.7)$$

avec $\Delta H_f = (k_1 + k_2 + k_3)\frac{V_B^2}{2g}$ ou $k_1, k_2 et k_3$ sont respectivement les coefficients de perte relative au rétrécissement de section, à la nature du robinet et au frottement le long de la conduite : ces coefficients $k_1 et k_2$ sont constantes alors que :

$$k_3 = 4f_v\frac{L}{D} \qquad (2.8)$$

où L et D sont respectivement la longueur et le diamètre de canalisation (dans notre cas $L = H_b = 15cm$ et D = 1cm), alors que f_v est un coefficient dépendant de la vitesse. Selon la nature de l'écoulement laminaire ou turbulent, f_v prend respectivement :

$$f_v = \frac{16}{R_e}(coulement est t laminaire) \qquad (2.9)$$

$$f_v = \frac{0.08}{R_e^{\frac{1}{4}}}(coulement est t turbulent) \qquad (2.10)$$

avec R_e : est le nombre de Reynolds donné par :

$$R_e = \rho D\frac{V_B}{\mu} \qquad (2.11)$$

Où μ représente la viscosité du liquide et ρ est la masse volumique du liquide.

Note : L'écoulement est laminaire ou turbulent suivant la vitesse :

- Si $R_e = \rho D\frac{V_B}{\mu} \prec 2000$ alors l'écoulement est laminaire.

- Si $2000 \prec R_e = \rho D\frac{V_B}{\mu} \prec 10^4$ alors l'écoulement est turbulent.

Avec $qe' = \frac{qe}{S}$, la combinaison des deux équations (2.3) et (2.6) donne :

$$(H_A - H_b) + \frac{(qe')^2}{2g} - \frac{s(qe')^2}{gS}V_B + \left(\frac{s}{S}\right)^2\frac{V_B^2}{2g} = (k_1 + k_2 + k_3)\frac{V_B^2}{2g} \qquad (2.12)$$

On peut écrire

$$(1 - (\frac{s}{S})^2 + k_1 + k_2 + k_3)\frac{V_B^2}{2g} + \frac{sqe'^2}{gS}V_B = (H_A - H_b) + \frac{qe'^2}{2g} \qquad (2.13)$$

Soit

$$K' = -(\frac{s}{S})^2 + k_1 + k_2 + k_3 \qquad (2.14)$$

d'où

$$(1 + K')\frac{V_B^2}{2g} + \frac{sqe'^2}{gS}V_B = (H_A - z_B) + \frac{qe'^2}{2g} \tag{2.15}$$

Donc

$$(1 + K')V_B^2 + \frac{2sqe'^2}{S}V_B - (2g(H_A - z_B) + qe'^2) = 0 \tag{2.16}$$

Cette équation admet deux solutions :

$$V_{Bi} = \frac{(qe')^2\frac{s}{S} \pm \sqrt{\left(\frac{qe's}{S}\right)^2 + (1 + K')[2g(H_A - H_b) + (qe')^2]}}{1 + K'} \tag{2.17}$$

où $i = 1, 2$

Si on considère à l'instant $t = 0$ que $H = 0$ une application numérique ledbitmaximalefourniparlamotopompeestqe $= 12.54 l/min$ alors :

$$V_{B1} = \frac{8.71710^{-6} + \sqrt{7.610^{-11} + (1 + K')[20 * 0.15 + 2.84 * 10^{-4})}}{1 + K'} \tag{2.18}$$

Tenant compte de la faible valeur de H_b. Nous pouvons alors prendre le procédé dans le cas particulier (vidange libre ($qe = 0$)) et nous avons alors :

$$\begin{cases} V_B = \frac{\sqrt{2g(H-H_b)}}{\sqrt{1+K'}} = \sqrt{\frac{2g}{1+K'}}\sqrt{(H_A - H_b)} \\ \frac{dH}{dt} = qe' - \left(\frac{s}{S}\right)V_B \end{cases} \tag{2.19}$$

La figure (2.9) présente le modèle de validation du procédé sous Simulink :

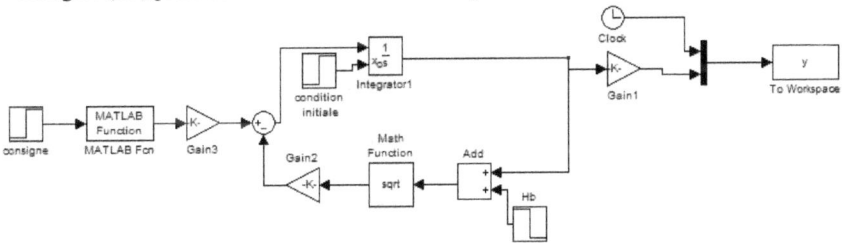

Figure 2.9 – Modèle de validation du procédé, sous Simulink

Le débit qe' dépend de la tension appliquée à la motopompe donc il dépend la caractéristique non linéaire de cette dernière ($2 \leq U \leq 7$ et $D = 2.3U - 3.77$) ce qu'est représenté par la fonction décrite dans la boite " MATLAB function ".

La figure suivante illustre l'évolution de la sortie du modèle.

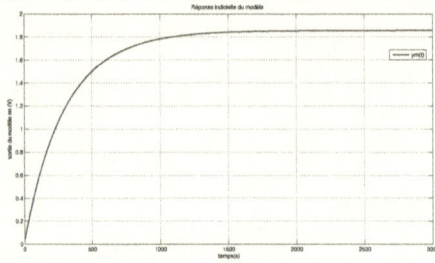

Figure 2.10 – Réponse du modèle pour U=4.5

2.3.2 Identification temporelle

Dans cette partie il s'agit de déterminer un modèle boite noire de système [9], pour cela le procédé est excite par un échelon d'amplitude $5v$ à fin de stabiliser le niveau d'eau autour de $11cm$ qui sera considérer comme un point de fonctionnement. A partir des mesures enregistrées, l'évolution de la sortie (en volt) en fonction du temps (en seconde) est tracée comme le montre la figure (2.11).

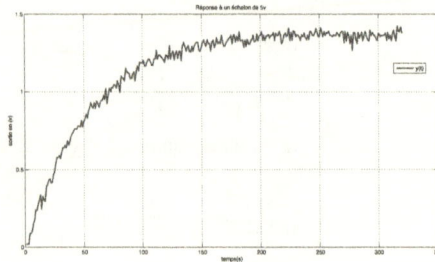

Figure 2.11 – Réponse du procédé en boucle ouverte pour une consigne 5v

La détermination des paramètres k et τ est assuré à partir de la réponse tracé sur la figure (2.11) :

$$\begin{cases} s(\infty) = kE_0 \\ s(\tau) = 0.63kE_0 \end{cases} \tag{2.20}$$

On trouve que

$$\begin{cases} k = 0.276 \\ \tau = 270 \end{cases} \tag{2.21}$$

La fonction de transfert du système est alors :

$$H(p) = \frac{0.276}{1 + 270p} \tag{2.22}$$

2.4 Implémentation numérique d'une loi de commande

Dans cette partie on est appelé à faire la synthèse puis l'implémentation de la loi de commande de type IMC et CRONE.

2.4.1 Simulation sur MATLAB

Comme première étape pour implémenter une loi de commande nous avons commencé par une simulation moyennant l'environnement " MATLAB " qui nous a permis de synthétiser puis tracer l'évolution de la commande et de la sortie dans le contexte déterministe (sans bruit, sans erreur de mesure...).

2.4.1.1 La commande IMC

La structure de la commande par modèle interne (IMC) est donnée par la figure (2.12) :

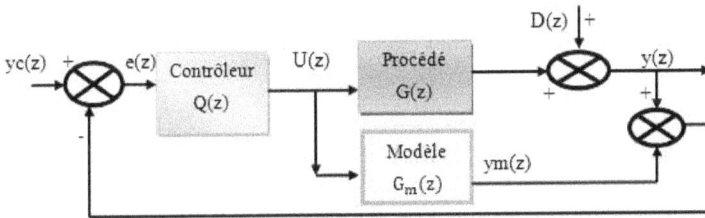

Figure 2.12 – Structure du régulateur IMC

A partir du schéma de commande par modèle interne, on peut déduire les relations suivantes :

$$y(z) = G(z)U(z) + D(z) \tag{2.23}$$

$$y_m(z) = G_m(z)U(z) \tag{2.24}$$

$$u(z) = Q(z)e(z) \text{ avec } e(z) = yc(z) - (y(z) - y_m(z)) \tag{2.25}$$

D'où l'expression de la sortie :

$$y(z) = \frac{G(z)Q(z)}{1 + Q(z)(G(z) - G_m(z))}yc(z) + \frac{1 - Q(z)G_m(z)}{1 + Q(z)(G(z) - G_m(z))}D(z) \tag{2.26}$$

Le régulateur IMC présente plusieurs avantages. Parmi eux on peut citer la facilité de la synthèse, la robustesse, la possibilité d'obtenir une erreur nulle en régime permanent, etc...

Synthèse du régulateur IMC

La synthèse d'un correcteur à modèle interne passe par un algorithme constitué de cinq règles. Dans ce paragraphe on va gérer les règles de synthèse en projetant au même niveau leurs applications sur le modèle du système étudié : $H(p) = \frac{0.276}{1+270p}$

La discrétisation du modèle du système avec une période d'échantillonnage $T_s = 1s$ donne :

$$H(z)\frac{0.00102}{z - 0.9963} \qquad (2.27)$$

Les règles de synthèse sont décrites par le tableau (2.1) :

Tableau 2.1 – Règles de synthèse

Règle N°	Description de la règle	Application sur le modèle
1	les zéros de $Q_0(z)$ sont les pôles de $H(z)$	$Q_0(z) = z - 0.9963$
2	les pôles de $Q_0(z)$ sont choisis comme suit : - Les zéros de $H(z)$ avec une partie réelle positive qui sont dans le cercle unité. - Les inverses des zéros de $H(z)$ avec partie réelle positive qui sont à l'extérieur du cercle unité. - Un pôle à l'origine pour chaque zéro à partie réelle négative.	$Q_0(z) = z - 0.9963$
3	on ajoute un pôle à l'origine supplémentaire à $Q_0(z)$	N'est pas obligatoire $Q_0(z) = \dfrac{z - 0.9963}{z}$
4	le gain de $Q_0(z)$ doit être choisi tel que : $\lim_{z \to 1} k_0 Q_0(z) H(z) = 1$	$k_0 = 980.3922$
5	ajouter un filtre à $Q_0(z)$ pour prendre en compte les erreurs de modèle. Parfois il est suffisant de prendre : $F(z) = \dfrac{(1-\alpha)z^{-1}}{1-\alpha z^{-1}}$ avec $\alpha = e^{\frac{-T_s}{\tau}}$. Le correcteur est $Q(z) = k_0 Q_0(z) F(z)$	$\alpha = 0.99$ $F(z) = \dfrac{0.01 z^{-1}}{1 - 0.99 z^{-1}}$ $Q(z) = k_0 \dfrac{0.0037 - 0.037 z^{-1}}{1 - 0.9963 z^{-1}}$

L'équation récurrente de la commande est $u(k) = Q(k)e(k)$
avec $e(k) = yc - y(k) + y_m(k)$ où

$$y(k) = 0.9963 y(k-1) + 0.00102 u(k-1) \qquad (2.28)$$

$$ym(k) = 0.9963 ym(k-1) + 0.00102 u(k-1) \qquad (2.29)$$

$$u(k) = 0.9963 u(k-1) + 3.6244 e(k) - 3.611 e(k-1) \qquad (2.30)$$

Moyennant un programme développé sur " MATLAB ", l'évolution de la commande u et de la sortie y sont représentés par les figures (2.13) et (2.14).

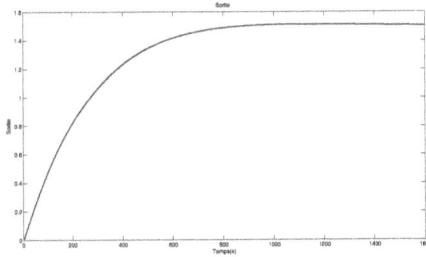

Figure 2.13 – Sortie IMC

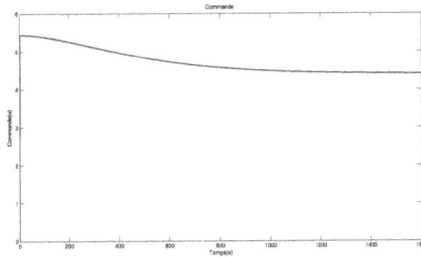

Figure 2.14 – Commande IMC

Le régulateur IMC assure une erreur statique nulle.

2.4.1.2   La commande CRONE

Dans cette partie nous synthétisons un correcteur CRONE de deuxième génération qui permet de commandé robustement le système étudié.

Au début et dans le but de déterminer les paramètres du correcteur CRONE, nous traçons le diagramme de phase de système comme le montre la figure (2.15) :

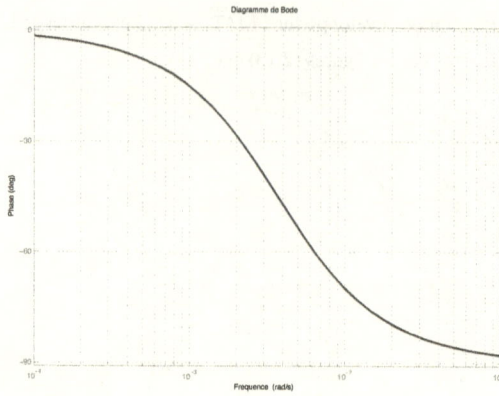

Figure 2.15 – Diagramme de phase du procédé

A partir de la figure (2.15), nous choisissons une pulsation $\omega = 0.0075$rad/s et une marge de phase $\Delta\varphi = 75°$ pour synthétiser un correcteur CRONE 2ème génération. Ensuite nous étudions la boucle ouverte en commançant par tracer son diagramme de phase (figure (2.15)). Nous remarquons, qu'un blocage de phase (105°) autour de ω_u est assure pour une décade.

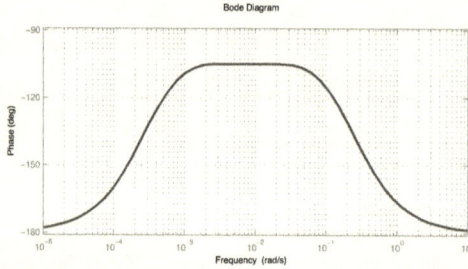

Figure 2.16 – Diagramme de phase de la boucle ouverte.

Ceci est exploité en boucle fermée. En effet, la réponse indicielle de la boucle fermée est représentée par la figure (2.17).

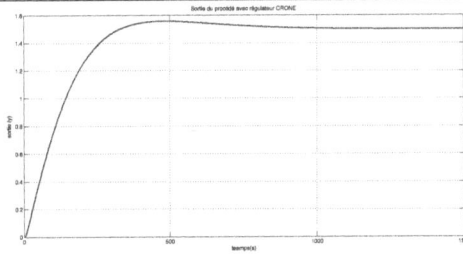

Figure 2.17 – Sortie CRONE

L'évolution de la commande représentée par la figure (2.18) montre quant à elle une commande tolérable. La robustesse en stabilité de cette commande vis-à-vis d'une variation sur le gain du système est vérifiée naturellement.

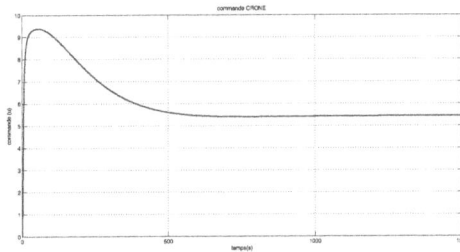

Figure 2.18 – Commande CRONE.

2.4.2 Implémentation moyennant Profi CASSY

2.4.2.1 La commande IMC

À ce stade, les commandes robustes déjà synthétisé vont être appliquées réellement au système. Pour le cas de la commande IMC, les figures (2.19) et (2.20) représentent respectivement la sortie du système et sa commande en appliquant une perturbation à l'instant 1500s par versement direct de 3 litre d'eau dans le bac ce qui augmentera sa hauteur 4.5v.

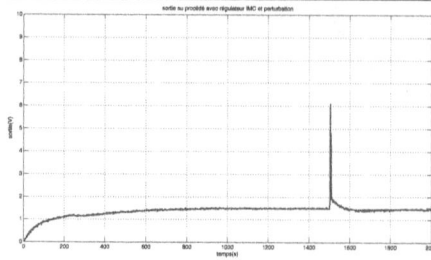

Figure 2.19 – Sortie du régulateur IMC avec perturbation

Nous remarquons une très bonne précision et une annule parfaite du perturbation.

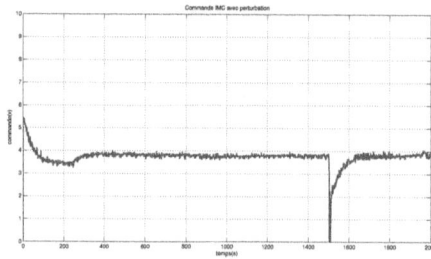

Figure 2.20 – Commande du régulateur IMC avec perturbation

2.4.2.2   La commande CRONE

En utilisant un programme développé sous " Matlab " nous implémentons une commande CRONE. Le programme développé va nous permettre d'extraire les différents résultats nécessaires (sortie du procédé et commande générer).Nous avons divisé le travail en deux parties :

✓ Commande CRONE sans perturbation :

Dans cette phase, nous appliquons la commande sans intervention sur le niveau. Les résultats obtenus sont donné par les figures (2.21) et (2.22) :

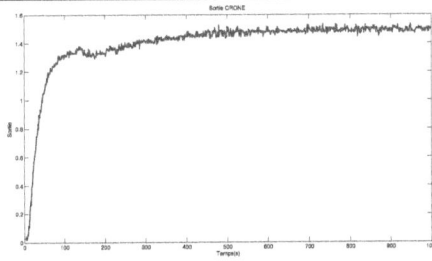

Figure 2.21 – Sortie du procédé avec régulateur CRONE

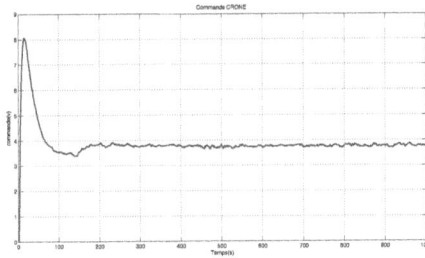

Figure 2.22 – Commande CRONE

Avec une commande CRONE un peu éléver au déppart par rapport à celui d'IMC, l'évolution de la sortie est plus rapide avec un erreur statique presque nul.

✓ Commande CRONE avec perturbation :

Dans cette étape nous implémentons la commande CRONE puis nous appliquons une perturbation additive à l'instant 1500 s par versement de 3 litres dans le réservoir. Les résultats obtenus sont donnés par les figures (2.23) et (2.24) :

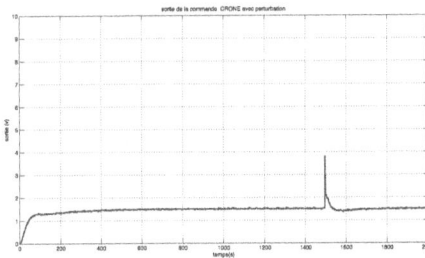

Figure 2.23 – Sortie du procédé avec perturbation

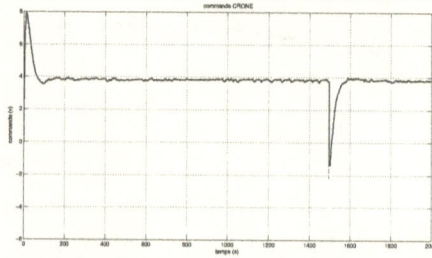

Figure 2.24 – Commande CRONE avec perturbation

2.4.3 Implémentation sur un Automate Programmable Industriel

2.4.3.1 Les Automates Programmables Industriels : API

✓ **Définition**

Un automate programmable industriel (API) est un dispositif électronique programmable destiné à la commande de processus industriels par un traitement séquentiel. On nomme Automate Programmable Industriel, API (en anglais Programmable Logic Controller, PLC) un type particulier d'ordinateur, robuste et réactif, ayant des entrées et des sorties physiques, utilisé pour automatiser des processus comme la commande des machines sur une ligne de montage dans une usine, ou le pilotage des systèmes de manutention automatique. Les systèmes automatisés les plus anciens employaient des centaines ou des milliers de relais or que maintenant il suffit un seul automate pour avoir un système automatisé.

✓ **Structure d'un système automatisé**

Tout système automatisé figure (2.25) contient une partie commande (calculateur, pupitre,...) qui génère des ordres à la partie opérative (les actionneurs, les capteurs...). cette derniére envoie des comptes rendus.

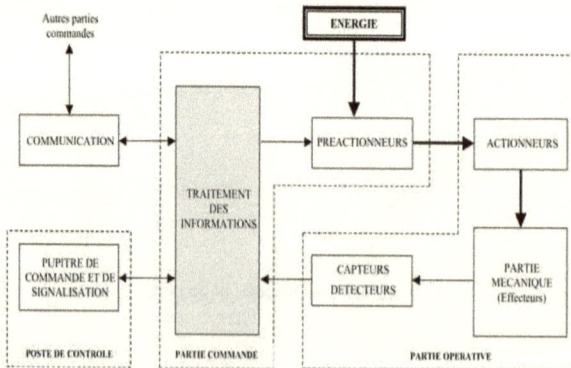

Figure 2.25 – Schéma synoptique du système automatisé de production

✓ **Constitution**

L'API est structuré autour d'une unité de calcul ou processus (en anglais Central Processing Unit, CPU), d'une alimentation par des sources de tension alternative (AC) ou continue (DC) et de modules dépendant des besoins de l'application, tels que :

- Un module d'unité centrale ou CPU, qui assure le traitement de l'information et la gestion de l'ensemble des unités.

- Des modules d'entrée - sortie (en anglais Input - Output, I/O) numérique (Tout Ou Rien) pour des signaux à deux états ou analogique pour des signaux à évolution continue.

- Des modules d'entrées pour brancher des capteurs, boutons poussoirs, etc.

- Des modules de sorties pour brancher des actionneurs, voyants, vannes, etc.

- Des modules de communication obéissant à divers protocoles Modbus, InterBus, DeviceNet, RS232, RS485 pour dialoguer avec l'ordinateur, autres automates, des entrées/sorties déportées, des supervisions ou autres interfaces homme-machine.

✓ **Différents Langages de Programmation**

Il existe différents langages de programmation :

- IL (Instruction List) : le langage List est très proche du langage assembleur. On travaille au plus près du processeur en utilisant l'unité arithmétique et logique, ses registres et ses accumulateurs.
- FBD (Function Block Diagram) : le FBD se présente sous forme diagramme : suite de blocs, reliables entre eux, réalisant des opérations simples.
- SFC (Sequential Function Chart) : ce langage sert à la réalisation de fonctions de commandes séquentielles. Le SFC est une interprétation assez libre et plus permissive du grafcet dont il est inspiré : le grafcet est dédié à la spécification, tandis que le SCF est plus appliqué à la programmation.
- LD (Ladder Diagram) : le langage Ladder (échelle en français) ressemble aux schémas électriques, permet de transformer rapidement un ancien programme fait de relais électromécaniques. Cette façon de programmer permet une approche visuelle du problème (Le plus fréquent en industrie). On parle également de langage à contacts ou de schéma à contacts pour désigner le langage Ladder.

Dans notre étude, nous avons utilisés le langage à contacts qui est un langage graphique. Il utilise des symboles figurants des contacts, ouverture et fermeture, assemblés en séries ou en parallèles, de manière à représenter les conditions d'arrêt ou de marche d'un actionneur (Moteur, vanne,...).

- **Critères de choix de l'Automate**

Le choix d'un API est en fonction de la partie commande à programmer. Choisir un API, revient à consulter les caractéristiques techniques suivantes :

- Le nombre d'entrées/sorties à traiter.

- Le nombre des variables et des données à mémoriser (bits internes).

- Le type des entrées/sorties nécessaires (logiques, analogiques...).

- Le langage de programmation (Grafcet, schéma à contacts, logigramme...).

- L'adaptation avec l'environnement extérieur.

- Les capacités de traitement du processeur (vitesse, données, opérations, temps réel...).

- Le prix.

- **Présentation générale de l'API S7-200**

La série SIMATIC S7-200 possède un grand nombre de modules par défaut pour les applications les plus diverses. Avec les types d'unités centrales et les modules d'extension disponibles depuis peu, elle rend possible des concepts d'automatisation complets de 10 jusqu'à 248 entrées/sorties. Avec les produits de la série S7-200 ajustés les uns aux autres de manière optimale, il est également possible d'effectuer facilement des modifications ou extensions futures de la solution d'automatisation.

Figure 2.26 – Exemples de modules S7 200

De forme compacte ou modulaire, les automates sont organisés suivant l'architecture suivante :

. Un module d'unité centrale ou CPU, qui assure le traitement de l'information et la gestion de l'ensemble des unités.

. Un module d'alimentation qui, à partir d'une tension 220V/50Hz ou dans certains cas de 24V fournit les tensions continues + /- 5V, +/-12V ou +/-15V.

. Un ou plusieurs modules d'entrées Tout Ou Rien (TOR) ou analogiques pour l'acquisition des informations provenant de la partie opérative (procédé à conduire).

. Un ou plusieurs modules de sorties Tout Ou Rien (TOR) ou analogiques pour transmettre à la partie opérative les signaux de commande.

. Un ou plusieurs modules de communication comprenant une interfaces série utilisant dans la plupart des cas comme support de communication, les liaisons RS-232 ou RS422/RS485.

2.4.3.2 Caractéristiques de l'automate

o SIMATIC
  ✓ S7-200
  ✓ Référence : 6ES7 235-0KD22-0XA0.
  ✓ Nombre : 1.
o Microprocesseur :
  ✓ Référence : CPU226 AC/DC/RLY
  ✓ Fabricant NO :216-2BD22-0XB0
  ✓ Entrées numériques : 24 (24 V/DC)
  ✓ Sorties numériques : 16 relais
  ✓ Protocoles supportés : PPI et esclave MPI ou Freeport
  ✓ Horloge : Horloge en temps réel
  ✓ Nombre de modules d'extension : Max. 7
  ✓ Alimentation : 100 à 230 V AC.
o Câble modem :
  ✓ RS232.
o Module d'entrée/de sortie analogique :
  ✓ Référence : EM 235.
  ✓ Module : 4 EA, 1 SA, plage d'entrée : 0 à 50 mV/0 à 500 mV/0 à 10 V/0 à 20 mA, résolution 11 bits pour les entrées, plage de sortie : -10 à +10 V, 4 à 20 mA, résolution 12 bits pour la sortie de tension, 11 bits pour la sortie de courant.
  ✓ No : 6ES7235-0KD22-0XA0

2.4.3.3 Description du logiciel de programmation Micro Win

Le logiciel de programmation Micro/WIN fournit un environnement adéquat pour concevoir, éditer et surveiller la logique nécessaire à la commande de notre application. Micro WIN comprend trois éditeurs de programme, figure (2.27), ce qui s'avère très pratique et efficace pour la mise au point du programme :

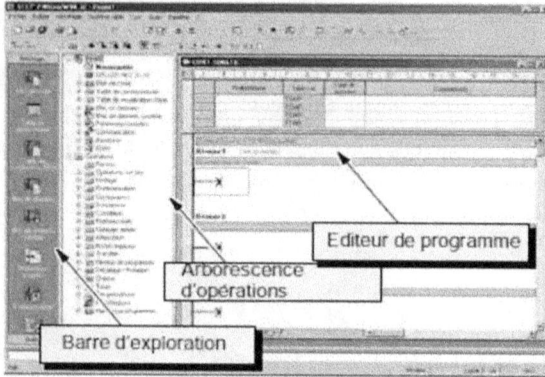

Figure 2.27 – Vue Micro/WIN

- Les barres d'outils contiennent des boutons constituant des raccourcis pour les commandes de menu fréquemment utilisées.

- La barre d'exploration présente des groupes d'icônes permettant d'accéder à différentes fonctions de programmation dans Micro WIN.

- L'arborescence d'opérations affiche tous les objets du projet et les opérations pour la création du programme de commande.

- L'éditeur de programme contient la logique du programme et une table de variables locales dans laquelle on affecte des mnémoniques aux variables locales temporaires.

- Les sous-programmes et les programme principal apparaissent sous forme d'onglets au bas de la fenêtre de l'éditeur de programme.

2.4.3.4 Programmation

Le principe du programme est le même pour l'implantation des deux lois de commande (IMC et CRONE), cette partie projette les grands lignes des programme développé :

- Adressage des entrées/sorties : le tableau (2.2) indique les adresses choisies lors de notre application :

Tableau 2.2 – Synthèse du correcteur IMC

Adressage des entrées	Adressage des sorties
• Moteur. • Arrêt moteur. • Niveau.	• Commande. • Etat moteur.

- Programmation des blocs : Dans notre programme on développe un programme principale et un sous-programme dans les quelle :

- Programme principale dont le quelle on développe le programme de fonctionnement du procédé, le calcul de la loi du commande, de l'erreur et leurs mémorisations puis il assure son envoie.

- Un sous-programme dont le quelle on fait la lecture et mémorisation des mesure.

Organigramme

La figure (2.28) représente l'organigramme suivie pour développer les programmes à implémenter :

Afin d'achever une implémentation nous avons discrétisés la commande u(k) et la sortie y(k), synthétiser par Matlab, puis retirer les équations récurrentes qui seront implémenter sur automate.

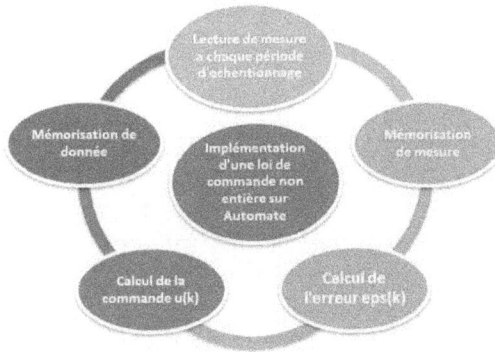

Figure 2.28 – Organigramme des programmes

Résultat de l'implémentation CRONE

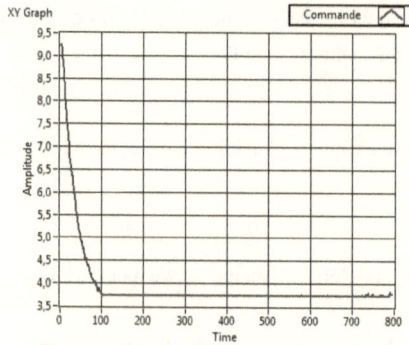

Figure 2.29 – Commande sur Automate

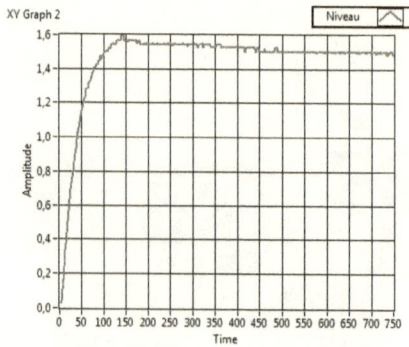

Figure 2.30 – Sortie sur Automate

2.5 Conclusion

Ce chapitre a été consacré à l'implantation des deux lois de commande robuste IMC et CRONE sur un système hydraulique à fin d'assurer une régulation de niveau. L'implémentation sur l'automate S7-200, but de ce travaille, n'est assurer qu'après une simulation par un code de synthèse développé sur " Matlab" puis une implémentation a travers une carte d'acquisition Profi-CASSY ce plan est choisie dans le but de tirer la différence entre les techniques d'implémentation et les résultats qu'ils peuvent produises.

Chapitre 3

Supervision du système hydraulique

3.1 Introduction

La réalisation reste toujours la partie importante dans le projet. Elle reflète une image concrète à ce que nous avons développés théoriquement dans le premier chapitre. En plus elle nous donne une expérience et plus des connaissances matérielles et logicielles au tour du domaine informatique industriel et automatisation. Dans ce dernier la supervision prend une place important dans ce genre de projet car elle joue le rôle d'interface homme (opérateur) machine.

En effet ce chapitre sera mené en deux parties, dont l'une on fait une supervision moyennant le « Win CC flexible » Devant une lacune d'archivage qui nous rencontre nous avons développés une deuxième partie dont la quelle nous réalisons une interface avec LabVIEW ce qui nous résoudre cette problèmes.

3.2 La supervision

3.2.1 Généralités

La supervision est l'une des disciplines modernes qui connaît actuellement le plus fort essor, il s'appuie sur les ressources de l'électronique, de l'informatique et de la physique appliquée. Dans une architecture d'automatisme, le terme « supervision » désigne la fonctionnalité qui consiste à mettre à la disposition d'un opérateur une interface graphique, généralement de type « écran/clavier », lui permettant de suivre et de contrôler à distance une ou plusieurs installations automatisées. D'autre part, la supervision concerne l'acquisition de données et la modification manuelle ou automatique des paramètres de commande des processus.

La supervision est aussi l'une des éléments des IHM (Interface Homme Machine). Elle

48

permet à l'homme d'entrer en communication directe avec la partie commande : Elle permet essentiellement de visualiser l'état de la partie opérative (PO), établir les commandes d'une façon intuitive sans accéder directement à la PO, anticiper les défauts et établir des diagnostics, etc. Ceci doit être effectué dans des conditions simples et intuitives.

En fait, un superviseur permet de :

◇ Visualiser graphiquement l'état de fonctionnement.

◇ Afficher instantanément les défauts.

◇ Archiver les recueils des données.

◇ Définir les alarmes.

◇ Synchroniser les échanges de données dans un réseau industriel.

◇ Agir en tant qu'élément de la partie commande.

A l'échelle industrielle on trouve plusieurs logiciel de supervision tel que National Instrument LabVIEW, Win CC,... Dans notre travail nous allons utilisées le logiciel Win CC flexible pour faire la partie supervision de notre procédé. Le Win CC Flexible permet de disposer d'un logiciel d'ingénierie pour tous les pupitres opérateur SIMATIC IHM.

3.2.2 Win CC

3.2.2.1 Etapes de configuration du Win CC

Les étapes de configuration nécessaires sont le suivant :

• Création des projets
• Création des vues
• Configuration des alarmes
• Création des recettes
• Ajout de changements de vue
• Test et simulation du projet
• Transfert du projet (facultatif)

3.2.2.2 Création d'un nouveau projet

Pour créer un nouveau projet, il suffit de cliquer sur «créer un projet» comme le montre la figure (3.1) :

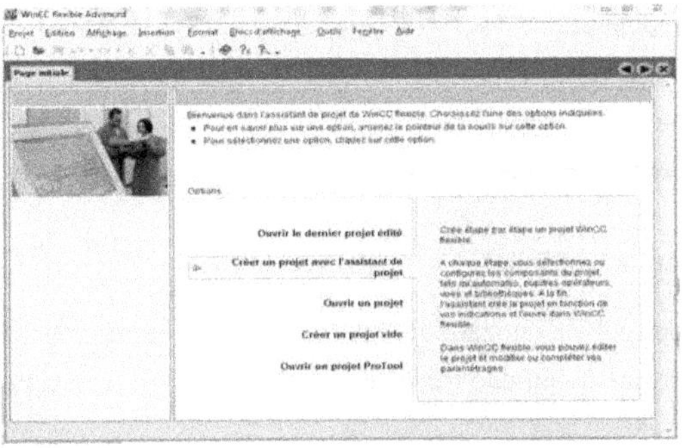

Figure 3.1 – Création d'un nouveau projet

L'assistant projet fait la création des projets en fonction des données et l'ouvert dans Win CC flexible, ce dernier présente quatre zones comme l'indique la figure (3.2) : Une zones de travail, une fenêtre de projet, une fenêtre de propriétés et fenêtre d'outils.

Figure 3.2 – Fenêtre de Win CC

✠ La zone de travail sert à éditer les objets du projet. Tous les éléments de Win CC flexible sont disposés autour de la zone de travail.

✠ Dans la fenêtre du projet tous les éléments et tous les éditeurs disponibles d'un projet sont affichés dans l'arborescence et peuvent y être ouverts. Dans la fenêtre de projet, on peut de plus accéder aux propriétés du projet et au paramétrage du pupitre utilisateur.

✠ Dans la fenêtre des propriétés on étudie les propriétés des objets, par exemple la couleur des objets graphiques.

✠ La fenêtre d'outils on propose une sélection d'objets qu'on peut insérer dans les vues.

Par exemple : des objets graphiques et des éléments de commande. La fenêtre d'outils contient, en outre, des bibliothèques d'objets et collections de blocs d'affichage prêts à l'emploi.

3.2.2.3 Configuration logicielle

La communication entre l'automate et l'interface de supervision nécessite une configuration logicielle. Nous pouvons établir une liaison entre S7-200 et Win cc flexible, pour assurer cette phase nous utilisons PC Access.

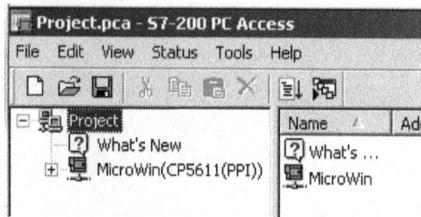

Figure 3.3 – Face avant du Pc Access

3.2.2.4 Configuration du serveur OPC avec S7-200 PC Access

OPC (OLE for Process Control) désignait à l'origine une interface logicielle unique et indépendante des constructeurs. Cette désignation s'est modifiée en une famille d'interfaces suite à l'évolution du standard OPC. OPC Data Access (OPC DA) basé sur la technologie Windows COM (Component Object Model) et DCOM (Distributed Component Object Model).

Depuis Micro Win on configure les paramètres de communication entre le PC et l'automate qu'on peut l'accéder à partir de boitier de dialogue Interface PG/PC comme le montre la figure (3.4). Puisque on utilise la câble RS232, notre chemin de communication est la connexion S7-200 a travers PC/PPI câble(PPI) avec une configuration de port et de vitesse de transmission etc.

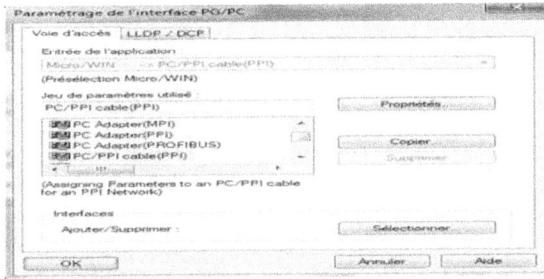

Figure 3.4 – Interface PG/PC

3.2.2.5 Importation des variables

Aprés avoir la communication entre Micro Win et PC Access, nous importons les mnémoniques de notre programme Ladder comme il est illustrée par figure (3.5) pour que nous pouvons avoir leurs état et comment fonctionnent.

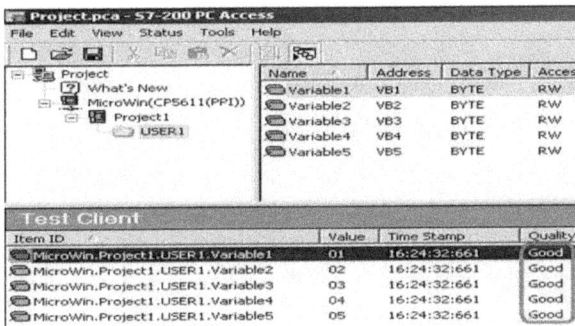

Figure 3.5 – Importation des mnémoniques

3.2.2.6 Configuration de la communication

Aprés avoir la création du projet, nous configurons la liaison entre l'automate S7-200 et Win CC grâce au serveur OPC comme le montre la figure (3.6) :

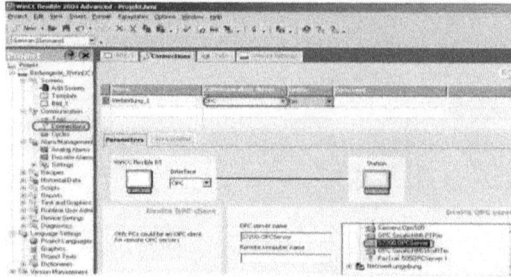

Figure 3.6 – Configuration de la communication entre S7-200 et Win CC

Et de même nous ajoutons tous les variables qu'on a utilisé dans Micro Win à partir du serveur OPC.

Après la configuration de la liaison et des variables, nous pouvons accéder à la réalisation de l'interface graphique qui contient notre système avec une animation qu'explique le fonctionnement du procédé.

3.2.3 LabVIEW

3.2.3.1 Présentation du logiciel LabVIEW

LabVIEW (Laboratory Virtual Instrument Engineering Workbench) est un langage de programmation dédié au contrôle d'instruments et l'analyse de données. Contrairement à la nature séquentielle des langages textuels, LabVIEW est basé sur un environnement de programmation graphique utilisant la notion de flot de données pour ordonnancer les opérations.

LabVIEW intègre l'acquisition, l'analyse, le traitement et la présentation de données. Il intègre aussi un grand nombre d'éléments de présentation tels les graphes déroulants, des graphes XY, des abaques de Smith, jauges, cadrans à aiguille...

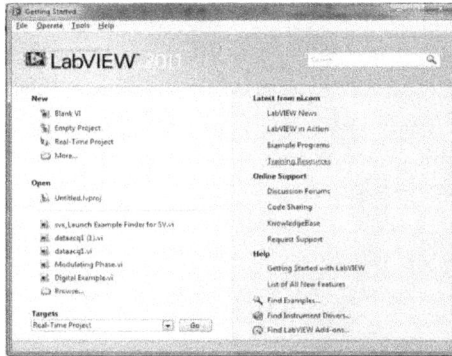

Figure 3.7 – Fenêtre de démarrage

Les programmes LabVIEW s'appellent des Instruments Virtuels (VIs). Ces VIs ont trois parties principales : la Face Avant, le Diagramme et l'Icône/Connecteur.

✓ La face avant d'un VI est une combinaison de commandes et d'indicateurs :

◇ Les commandes sont les entrées des VIs, elles fournissent les données au diagramme.

◇ Les indicateurs sont les sorties des VIs et affichent les données générées par le diagramme.

Dans la palette de commande comme l'indique la figure 3.9 existe plusieurs types de commandes et d'indicateurs tels que les commandes et les indicateurs numériques, à curseur, booléens, chaîne de caractères, les tables et les graphes etc.

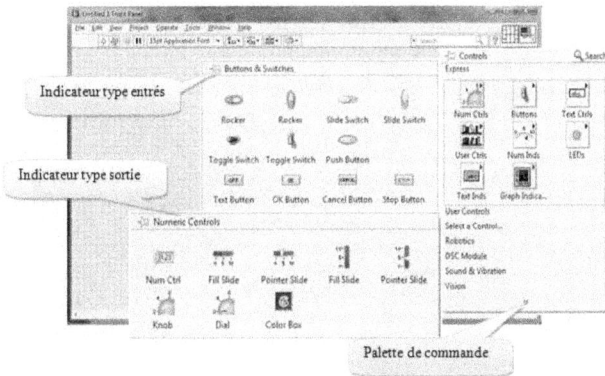

Figure 3.8 – Face avant et outille de commande

✓ La face diagramme d'un VI occupe :

◇ un symbole appelé Terminal généré automatiquement pour chaque objet déposé sur la
face avant, figure (3.9). Ce terminal contient la valeur de l'objet graphique correspondant.

◇ Les terminaux, les sous VIs, les fonctions, les constantes, les structures ainsi que les fils
qui relient les différents objets pour leur transmettre les données.

Figure 3.9 – Face avant et son diagramme

Après avoir construit la face avant et le diagramme, on crée son icône et son connecteur.

Si le VI est utilisé dans un autre VI, il devient un sous VI, il correspond à une routine dans
un autre projet classique, le connecteur représente alors les paramètres entrant et sortant de la
routine.

3.2.3.2   Configuration logiciel

Pour établir la liaison entre S7-200 et LabVIEW nous utilisons NI OPC Servers qui est
disponible avec l'environnement LabVIEW comme le montre la figure (3.10).

Figure 3.10 – Création de serveur OPC

3.2.3.3 Importation des variables

Aprés avoir assuré la communication entre Micro Win et LabVIEW, nous importons les mnémoniques de notre programme Ladder comme il est illustrée par figure (3.11) :

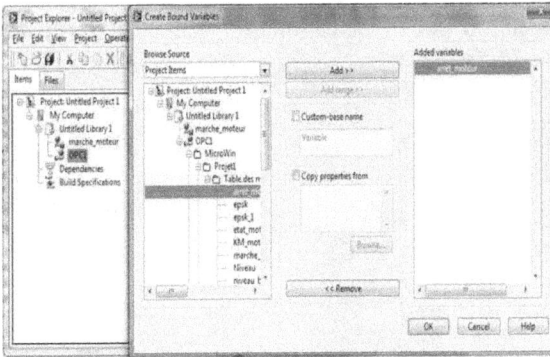

Figure 3.11 – Importation des variables mnémonique

3.2.4 Interfaces graphiques

3.2.4.1 Description de la supervision du système par WinCC

Vue initiale La page d'accueil comme il est présenté dans la figure (3.12) contient un bouton pour marche de la motopompe, un bouton pour l'arrêt de la motopompe, un bouton pour quitter la supervision, un bouton pour accéder à la page suivante, de plus elle indique le titre de notre projet, le nom du responsable du projet et les noms des réalisateurs. Elle contient aussi notre système qu'on peut le commander grâce à ces boutons ; nous pouvons le démarrer, l'arrêter et le commande par une loi de commande CRONE ou IMC.

Cette page contient aussi une alarme qui fonctionne en cas ou le niveau très haut est atteint dans le réservoir elle s'allume pour arrêter le remplissage.

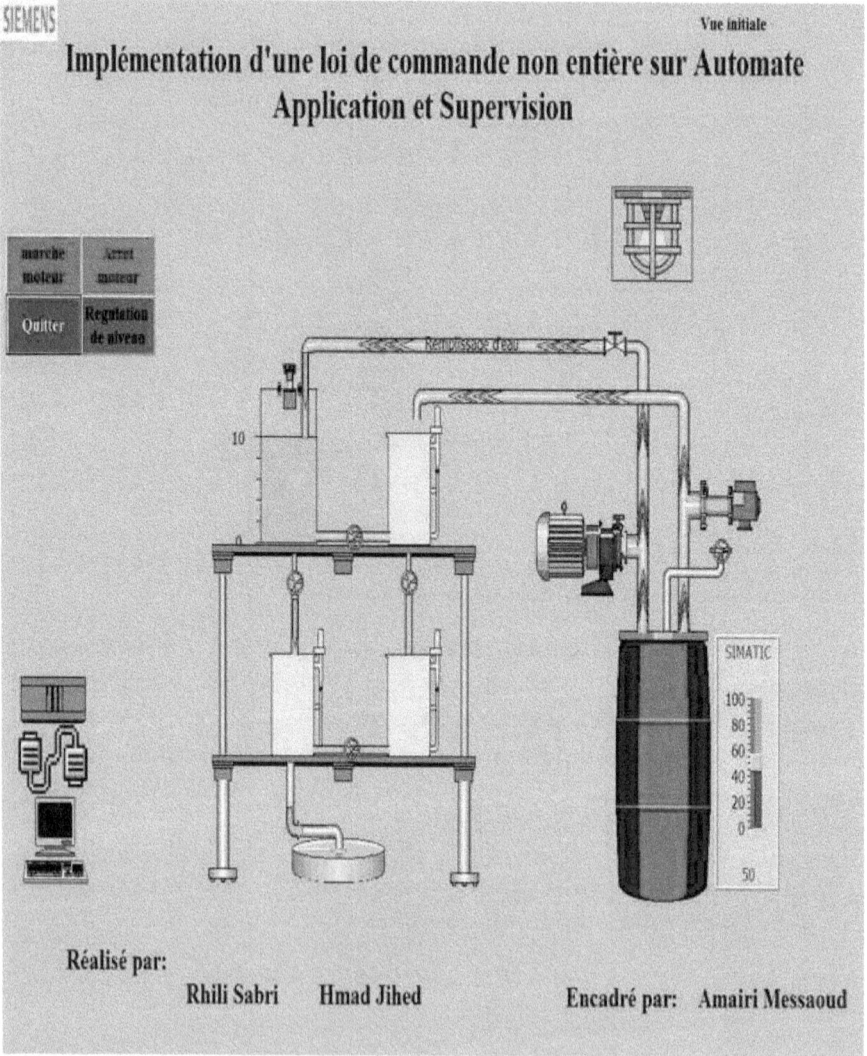

Figure 3.12 – Vue initiale de la supervision par Win CC

Deuxième vue Plus de la vie initiale, figure (3.12), on a créé une deuxième interface dont la quelle on supervise l'évolution de la sortie et de la commande tout en affichant les valeurs numériques instantanés.

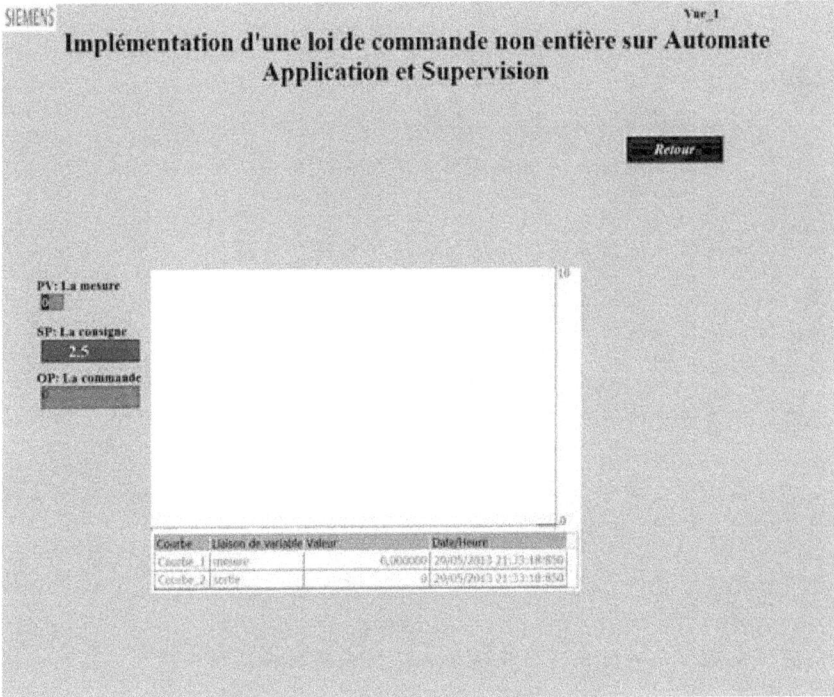

Figure 3.13 – Vue de traçage numérique

Win CC permet de tracer les valeurs numériques qu'instantanément mais ne nous permet pas d'enregistré ces valeurs dans une base de données, c'est pourquoi nous avons utilisés l'environnement LabVIEW.

3.2.4.2 Description de la supervision du système par LabVIEW

Vue initiale La face avant, presque identique a celle du Win CC, comme il est montré dans la figure (3.14). Elle contient un bouton pour marche de la motopompe, un bouton pour l'arrêt de la motopompe, un bouton pour stopper la supervision, de plus elle indique le titre de notre projet. Elle contient aussi notre système qu'on peut le commander grâce à ces boutons.

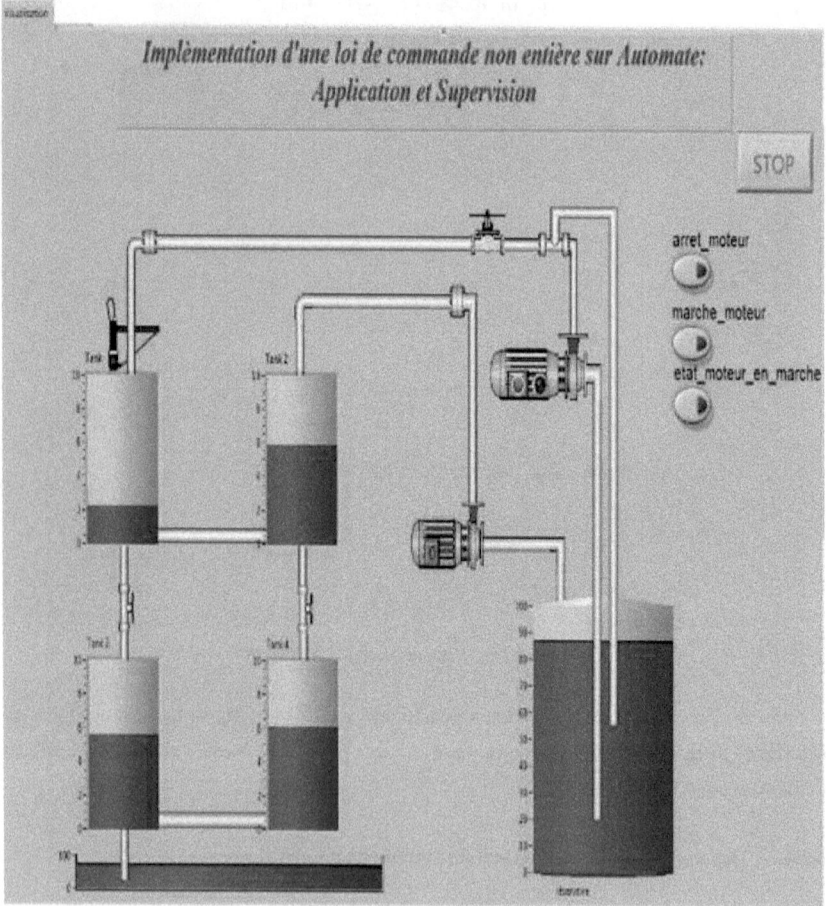

Figure 3.14 – Vue initiale de la supervision par LabVIEW

Deuxième vue   Plus de la vie initiale, nous avons crée une deuxième vue dont la quelle on supervise l'évolution de la sortie et de la commande tout en affichant les valeurs numérique instantanés. Ce qui diffère cette vue à celle de la deuxième vue de Win CC c'est quelle assure l'enregistrement des mesures dans le but de les manipulées par la suite.

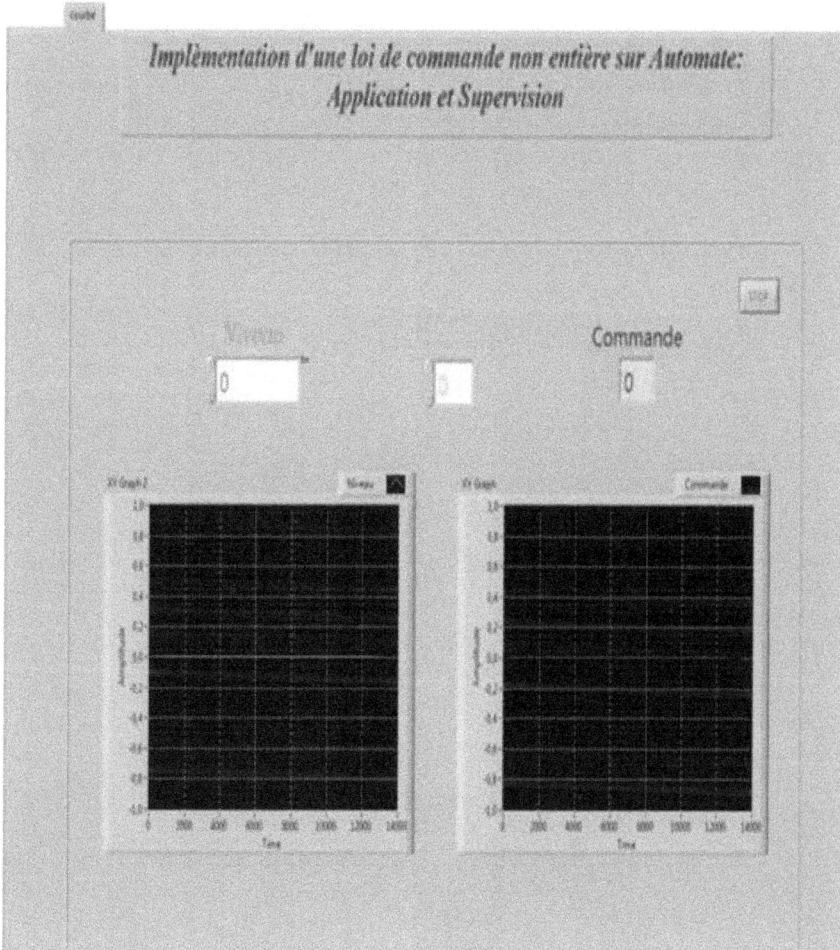

Figure 3.15 – Affichage et enregistrement des courbes

Face diagramme   Pour chaque objet déposé sur les faces, figures (3.14) et (3.15), correspond un terminale dans la face diagramme de la figure (3.16). Ces terminales contiennent les valeurs

de l'objet graphique correspondant. Dans notre face diagramme nous avons utilisé deux boucle
« while » qui sont responsables a :

◇ Le boucle « while » externe est responsable au fonctionnement globale du système :
marche moteur, arrêt moteur, arrêt supervision et fonctionnement du boucle while interne.

◇ Le boucle « while » interne est responsable a la supervision de :

✓ Les valeurs numériques et instantanées de la commande et de la sortie.

✓ La période d'échantillonnage.

✓ L'enregistrement des valeurs de la commande et de la mesure pour chaque période
d'échantillonnage.

✓ Un bouton « Stop » assure l'arrêt de la mesure et permet de nous offres la possibilité
d'enregistré les valeurs stocker.

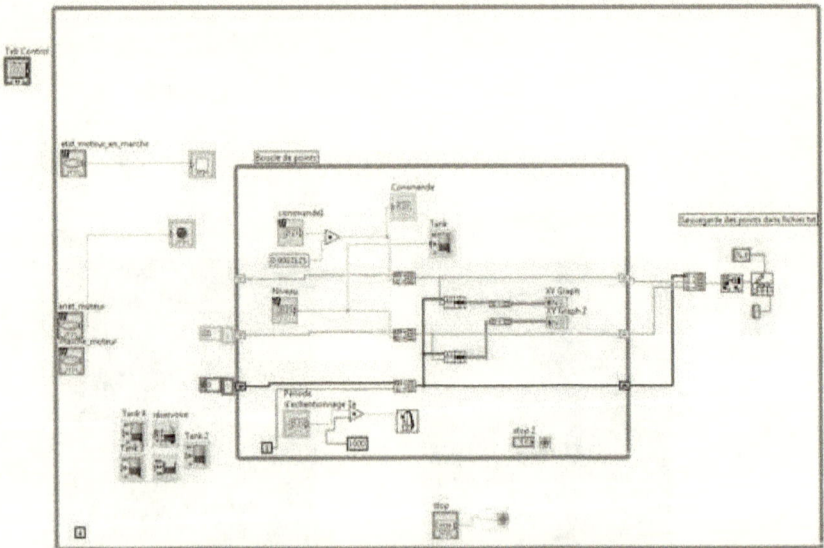

Figure 3.16 – Face diagramme du projet

3.3 Conclusion

Ce chapitre représente le fruit de l'ensemble de ce travail, il résume ce projet en mettant
l'action sur les interfaces réalisées pour contrôler le procédé et suivre les différentes valeurs qui
nous intéressent : Nous avons détaillé les logiciels employé et les interfaces développés sans
oublier de mettre les configurations utilisées dans ce travail.

Conclusion générale et Perspectives

Dans ce projet, nous nous sommes intéressés à l'implémentation d'une loi de commande non entière sur automate programmable et nous sommes appelés à valider ce travail par l'application sur un procédé hydraulique de régulation de niveau. Pour cela nous avons divisé notre rapport en trois parties :

Le point de départ était le premier chapitre dont le quel on a étudié la commande CRONE par ces trois générations en forçons l'étude sur le gabarit vertical c'est-à-dire la première et la deuxième génération où nous avons un exemple qui met en face leurs utilités.

Le deuxième pas du travail était la partie implémentation de deux lois de commande robuste IMC et CRONE sur un procédé hydraulique de régulation de niveau. A ce niveau nous avons abordé une démarche hiérarchisé dont la quelle chaque commande passe par une simulation, une implantation par une carte d'acquisition Profi CASSY et enfin une implémentation sur automate.

Cette dernière approche nous permet d'atteindre la partie supervision, dont la quelle nous avons développés des interfaces homme-machine qui facilite a l'opérateur de faire une intervention sur ce procédé et lui permet de suivre l'état de la sortie et de la commande instantanément, par affichage des courbes d'évolution et des icônes d'affichage numérique, et historiquement, à travers un archivage des donnés après chaque fonctionnement du procédé.

Même si nous avons toujours l'impression que des sujets comme l'implémentation des commandes robustes sont déjà classés, mais devant leurs absences à l'échelle industrielle ce qui offres l'idée aux chercheurs d'inventer d'autres solutions ($PI^\alpha D^\beta$) pour pousser l'industrie à profiter de leurs robustesse.

ce travail peut avoir plusieurs amélioration nous citons parmis eux :
. Système d'échange d'eau entre les bacs.
. Automatisation de l'armoire.
. Fonctionner les capteurs existant et non utilisé : les sondes ,le débitmètre et ajouter ce qui manque.
. L'ajout d'un bloc CRONE dans step 7.

. L'amélioration des robinets de vidanges dont le but de dépasser le phénomène de turbulance.

. L'amélioration de notre solution peut toucher le code de synthèse (LabVIEW, Micro WIN).

Annexes

Bibliographie

[1] Conception et réalisation d'un système hydraulique avec réglage de niveau. Master's thesis, ENIG.

[2] *SV IC5 user manual*.

[3] Oustaloup A. *la dérivation non entière théorie, synthèse et application*. 1995.

[4] Mohamed Naceur ABDELKRIM. *Commande Robuste*, 1996.

[5] GHOZLANE Wafe et DIMASSI Imen. Conception et réalisation d'un système hydraulique avec réglage de niveau. Master's thesis, ENIG, 2011.

[6] BEN HAMED Adel et LAZHAR Hassen. Etude synthèse et implantation d'une commande crone avec précorrection. projet fin d'étude, ENIG, 2006.

[7] Safta.de HIllERIN. Commande robuste de systemes non lineaires incertains (applications dans l'aérospatiale). Master's thesis, l'université de Paris sud.

[8] J.M.Flaus. *La régulation industrielle : « régulation PID, prédictif et flous édition »*. 1994.

[9] P.Borne. *Analyse et régulation des processus industriels*, volume Tomes 1. 1993.

[10] P.LANUSSE. De la commande crone premier génération à la commande crone de troisième génération. Master's thesis, 1995.

[11] J.Pierrier R.Ouziaux. *Mécénique de fluides appliquée*. Paris, France, dunod edition, 1998.